KB196339

글 김성화·권수진

부산대학교에서 생물학, 분자생물학을 공부했습니다. 《과학자와 놀자》로 창비 좋은어린이책 상을 받았습니다. 첨단 과학은 신기한 뉴스거리가 아니라 물리 법칙으로 가능한 과학 세계의 이야기라는 것을 들려주려고 '미래가 온다' 시리즈를 쓰기 시작했고, 《미래가 온다, 로봇》,
《미래가 온다, 나노봇》, 《미래가 온다, 뇌 과학》 등 20권을 완간했습니다.
지금은 수학적으로 사고하는 방법과 그런 사고가 미래를 어떻게 바꿔 놓을지까지, 과정에 충실한 수학 정보서, '미래가 온다' 수학 시리즈를 진행하고 있습니다.
《고래는 왜 바다로 갔을까?》, 《과학은 공식이 아니라 이야기란다》, 《파인만, 과학을 웃겨 주세요》,
《우주: 우리우주에 무슨 일이 있었던 거야?》, 《만만한 수학: 점이 뭐야?》 등을 썼습니다.

그림 조승연

홍익대학교에서 미술을 공부하고 지금은 어린이책 일러스트레이터로 활동하고 있습니다.
그린 책으로 《미래가 온다, 뇌 과학》, 《미래가 온다, 게놈》, 《의사 어벤저스》, 《수학 탐정스》,
《열려라, 한국사》, 《방과 후 초능력 클럽》, 《행복, 그게 뭔데?》, 《위험한 갈매기》,
《탄탄동 사거리 만복 전파사》, 《도둑왕 아모세》, 《달리는 기계, 개화차, 자전거》 등이 있습니다.

미래가 온다

무한은 괴물이야!

무한

와이즈만 BOOKs

미래가 온다 수학

10 무한 **무한은 괴물이야!**

1판 1쇄 인쇄 2024년 11월 11일 | 1판 1쇄 발행 2024년 11월 28일

글 김성화 권수진 | 그림 조승연 | 발행처 와이즈만 BOOKs | 발행인 염만숙

출판사업본부장 김현정 | 편집 이혜림 양다운 이지웅
기획·책임편집 임형진 | 디자인 권석연 | 마케팅 강윤현 백미영 장하라

출판등록 1998년 7월 23일 제1998-000170 | 제조국 대한민국
주소 서울특별시 서초구 남부순환로 2219 나노빌딩 5층
전화 마케팅 02-2033-8987 편집 02-2033-8983 | 팩스 02-3474-1411
전자우편 books@askwhy.co.kr | 홈페이지 mindalive.co.kr | 사용연령 8세 이상
ISBN 979-11-92936-48-2 74410 979-11-92936-02-4(세트)

무한은 괴물이야!

무한

김성화·권수진 글 | 조승연 그림

차례

0

무한 세기

수를 세어 본 적 있어?

어디까지 세어 봤어?

“10,000까지 셌을걸.”

정말?

“아닌가?”

“1,000까진 셌을 거야.”

언제?

“밤에 잘 때.”

아닐걸. 100도 못 세고 잠이 들었을걸.

“아니, 꿈에서 분명히 셌다고!”

뭐, 그렇다면야…….

그런 생각을 해 본 적 있어?

어디까지 얼마까지 수를 셀 수 있을까?

억하나, 억둘, 억셋,
억넷, 억다섯…….
Z Z z

밥도 안 먹고, 잠도 안 자고 하루 종일 쉬지 않고, 1초에 한 개씩 수를 센다면 어디까지 셀 수 있을까?

"100만? 1,000만?"

땡! 겨우 86,400이야.

그렇게 한 달 동안 수를 세면 259만 2,000쯤까지 셀 수 있어. 1년 동안 세면 3,110만 4,000쯤까지 셀 수 있어. 10년 동안 세면 3억 1,104만 정도까지 셀 수 있을걸. 100년 동안 수만 세다가 죽는다면 30억 정도까지 셀 수 있어. 아무것도 안 하고 숨만 쉬며 죽을 때까지 부지런히 수를 세어도 고작 30억까지 세고 죽는다는 거야.

그러니까 30억은 네가 상상하는 것보다 훨씬 훨씬 커다란 수야. 어마어마하게 큰 수라고.

하지만 그것보다 훨씬 더 큰 수가 얼마든지 많아. 머리를 굴려 봐. 네가 상상할 수 있는 가장 큰 수!

세상에서 가장 큰 수는?

지구에 있는 개미의 수!
과학자들이 계산했는데 지구에 있는 모든 개미의 수는 20,000,000,000,000,000마리쯤 돼.

모래알의 수!
그건 10,000,000,000,000,000,000,0007개쯤 돼.

아하, 우주에 있는 모든 별의 수?
그건 70,000,000,000,000,000,000,0007개쯤 될걸.

아니! 그것보다 훨씬 더 큰 수들이 있어.

들어 봐.

일, 십, 백, 천, 만,
십만, 백만, 천만, 억, 조, 경,
해, 자, 양, 구, 간, 정, 재, 극,
항하사, 아승기, 나유타,
불가사의…….

“불가사의?”

“그게 수라고?”

원래는 수를 세는 말이었어.

1 뒤에 0이 무려 64개 있는 수야!

지금은 ‘사람의 생각으로는 도무지 헤아릴 수 없고 알 수 없다’는 뜻으로 더 많이 쓰이고 있지만 말이야.

하지만 그것보다 훨씬 더 큰 수의 이름이 있어.

들어 봤어?

구골!

그건 1 뒤에 0이 100개 있는 수야.

10000000000
0000000000
0000000000
0000000000
0000000000
0000000000
0000000000
0000000000
0000000000
0000000000
훌!

1938년, 미국의 수학자 에드워드 캐스너가 10을 100번 곱한 수를 생각했어. 그리고 아홉 살짜리 조카에게 이름을 지어 달라고 했는데, 그 애가 '구골'이라고 했다는 거야. 수백 수천만 개의 웹 페이지를 탐색하는 데 1초도 안 걸리는 인터넷 검색 엔진 구글의 이름이 바로 바로 구골에서 왔다는 말씀.

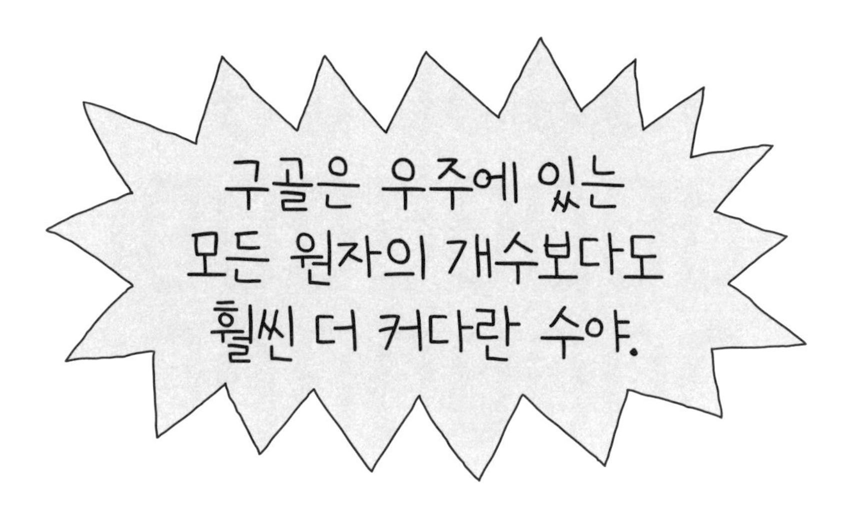

하지만 구골보다 훨씬 더 커다란 수들이 끝없이 있어.

"그것들도 이름이 있어?"

글쎄, 있는 것도 있고 없는 것도 있고.

"나도 이름을 지을래!"

푸하하, 좋은 생각이야.

뭐 해?
이건 1 뒤에
0이 억 개 있는 수야.
이름이 어벤저수!

하지만 그것도 세상에서 가장 큰 수가 아닌 건 알고 있지?

세상에서 가장 큰 수는 없어!

세상에서 가장 큰 수에 1을 더하면 더 큰 수가 돼.

더 큰 수를 만들고 싶다고?

거기에 1을 더해!

더 더 큰 수를 만들고 싶다고?

거기에 또 1을 더해!

1

무한을 생각하면 머리가 빙빙 돌아

끝이 없는 걸 생각하다가 머리가 어질어질한 적 없어?
도대체 끝이 없다는 게 뭘까?
우리 우주는 끝이 있을까?
끝이 있다면, 끝 너머에는 뭐가 있을까? 그 너머에는 또 뭐가 있을까?
시간은 끝이 있을까?
째깍째깍 째깍째깍…….
시간이 계속 계속 영원히 흘러갈까?
우주에 생명체가 모두 사라지고 별들이 모두 사라진 뒤에도 시간이 흘러갈까? 무한하게 무한하게 무한하게……?
1, 2, 3, 4, 5, 6, 7, 8, 9, 10…… 수가 무한히 이어진다는 게 믿어져? 혹시 언젠가는 끝이 나는 게 아닐까? 누가 알겠어?
무한이 뭘까?
우리는 결코 무한을 볼 수 없어. 만질 수 없어. 그런데도 무한을 알아. 무한을 생각해. 무한을 이야기해. 무한이라는 말을 아무렇지 않게 쓰고 있잖아?

무한 계단 오르기
LV.1
로딩...

엄마, 무한 잉크가
떨어졌어요.

갈비 무한 리필

그거 알아? 우리의 뇌는 겨우 1.3킬로그램이야. 크기가 복숭아만 할 뿐이고 운이 아주아주 좋아야 100년 동안 작동할 뿐인데, 그런 우리의 뇌가 무한을 상상한다는 거야.

옛날 옛날 원시인들도 광대한 하늘을 보고, 별을 세며 무한을 생각했을 거야. 석기 시대의 천재 소년 '우가'도 엄마에게 물었을걸.

엄마,
끝이 없는 게
뭐예요?
끝이 없는 건
어디에 있어요?
왜
끝이 없어요?
잠이나 자!

시간이 흘러 지금부터 2500년쯤 전에 무한에 대해 무지무지 진지하게 생각한 철학자가 나타났어. 그리스의 철학자 제논은 무한을 생각하다가 괴상하고 기이한 결론에 이르렀어.

네가 거북과 달리기 경주를 한다고 해 봐.

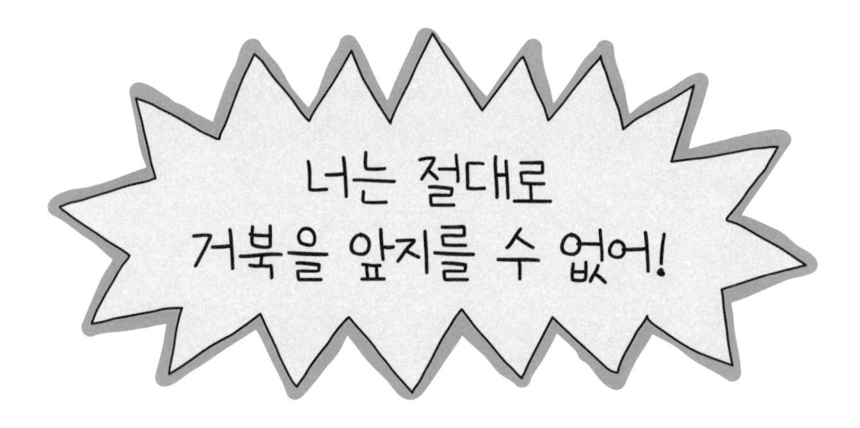

"내가?"

"말도 안 돼. 나는 50미터를 10초에 달리는 실력이라고!"

아니, 말이 돼. 아무도 제논의 논리에 반박할 수 없었다니까. 들어 봐.

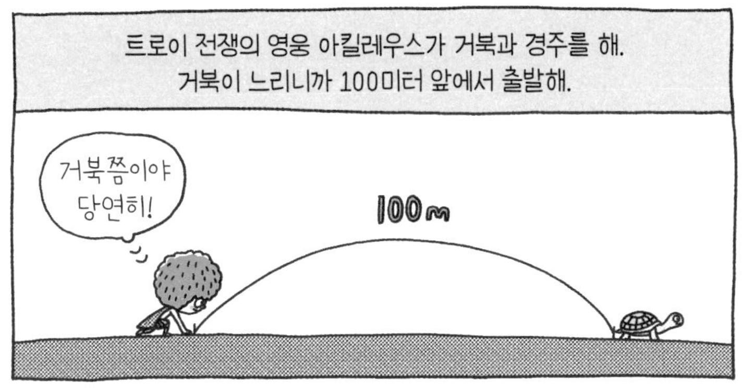
트로이 전쟁의 영웅 아킬레우스가 거북과 경주를 해.
거북이 느리니까 100미터 앞에서 출발해.
거북쯤이야 당연히!
100m

헉헉!

헉헉! 이상한데?

이상해, 이상해. 어떻게 된 거야? 아킬레우스가 거북을
따라잡으려 하면 거북은 언제나 조금 앞에 가 있어.
"왜?"
아킬레우스가 달릴 동안 거북도 느리지만 조금은 앞으로 가
있지 않겠어?
아킬레우스가 또 달려서 조금 앞선 거북을 따라잡으려 하면
그동안 거북은 또 쪼금 앞에 가 있어. 거북도 멈추지 않고
앞으로 가고 있으니까 말이야. 아킬레우스가 또 거북을
따라잡아. 하지만 거북은 그동안 또 쪼~금 앞에 가 있어.
"거북이 계속 가고 있으니까?"
빙고!
아킬레우스가 아무리 달려도 거북은 언제나 조금은 앞에 가
있다는 거야. 아킬레우스가 달릴 동안 거북도 쪼~~~금은
앞으로 가고 있기 때문이야. 0.1미터, 0.01미터, 0.001미터,
0.0001미터, 0.00001미터…… 0.000000001미터……
0.0000000000001미터…… 이렇게 언제까지나!

이건 말도
안 된다고!
나,
좀 대단하지
않아?

제논은 또 말해.

'아킬레우스의 화살은 영원히 과녁에 닿지 못하리니!"

제논의 논리에 따르면 활을 떠난 화살은 영원히 과녁에 닿을 수 없다는 거야.

"왜?"

아킬레우스와 거북의 경주 이야기와 같은 논리야.

화살이 과녁에 닿으려면 먼저 과녁까지 거리의 절반을 가야 하잖아?

그런데 그 절반을 가려면 또 그 절반을 가야 해.

그 절반을 가려면 또 그 절반을 가야 하고.

그 절반을 가려면 또 절반을 가야 해.

그렇게 절반의 절반의 절반의 절반을…… 무한히 지나야 하기 때문에 화살은 결코 과녁에 도달할 수 없다는 거야!

"헐!"

이 이상한 이야기는 '제논의 역설'이라 불리며 2000년 동안 철학자와 수학자들을 곤궁에 빠뜨렸어.

제논은 어쩌다
이렇게 이상한 이야기를
상상했을까?

제논은 무한을 믿지 않았어!

"왜?"

무한을 생각하면 이렇게 말도 안 되는 일이 일어나기 때문이야. 그러니까 '무한'을 생각하면 안 돼!

탕탕탕!

법으로 정하지는 않았지만, 어쩐지 '무한'에 대한 금지령이 내려진 것 같았어.

1700년이 흐른 뒤에 위대한 신학자이자 철학자 토마스 아퀴나스가 말하기를 '누구든 현실에서 무한을 생각하려 하는 자는 절대적이고 무한한 신의 본성에 감히 도전하는 끔찍한 교만의 죄를 범하는 것'이라고 했을 정도야.

수학자들도 무한을 꺼려 했어.

계산을 무한하게 하면 이상한 일이 일어나거든.

1-1+1-1+1-1+1-1+1-1……=?

똑같은 식인데 이렇게 계산하면 0이 되고, 저렇게 계산하면 1이 된다니!
말도 안 돼.
수학자들은 수학에서 무한을 추방하려 했어.
'무한은 위험해.'
'무한에 대해 발설하면 안 됩니다.'
'무한은 괴물이야.'
'무한은 수학을 파괴하는 흑사병이라고!'
위대한 수학자 가우스조차도 이렇게 말했다니까.
'나는 수학에서 무한을 다루는 것을 반대한다. 무한은 수학적으로 금지된 것이다. 무한은 그저 말에 지나지 않는다.'

2

게오르크 칸토어, 무한을 발견하다

게오르크 칸토어는 재능이 많았어. 친척들처럼 음악가나 미술가가 될 수도 있었지만 칸토어는 수학자가 되었어. 그냥 수학자가 아니라 수학의 탑 위에 가장 높이 올라간 수학자!

칸토어는 수학자들이 아무도 거들떠보지 않는 무한에 대해 생각하고 또 생각했어. 그러다가 아주아주 괴상한 결론에 이르러.

아프리카 원주민 코이코이족의 이야기를 알아?

옛날에 탐험가들이 아프리카 오지에서 코이코이족을 만났는데, 깜짝 놀랐어.

"왜?"

코이코이족은 아이도 어른도 하나, 둘, 셋까지밖에 셀 수 없어. 셋보다 크면 그냥 '많다'라고 말한다는 거야.

많다!

오, 많다!

"푸하하!"

바보라서 그런 게 아니야. 코이코이족에게는 하나, 둘, 셋보다 큰 수를 부르는 말이 없거든.

어느 날 코이코이족의 족장이 자신의 보물 상자를 열어 보았어. 유리구슬과 동전이 수북이 들어 있어. 수라고는 하나, 둘, 셋밖에 모르는데 족장은 유리구슬이 더 많은지 동전이 더 많은지 알 수 있을까?

수를 세지 못해도 구슬과 동전의 수를 비교할 수 있어.

구슬 하나에 동전 하나, 구슬 하나에 동전 하나…….

계속 계속 짝을 지으면 돼!

구슬 하나에
동전 하나,
구슬 하나에
동전 하나!

동전이 바닥났는데
구슬이 남아 있다면?

구슬이 더 많아!

구슬이 바닥났는데
동전이 남아 있다면?

동전이 더 많아!

아무것도 남지 않으면?

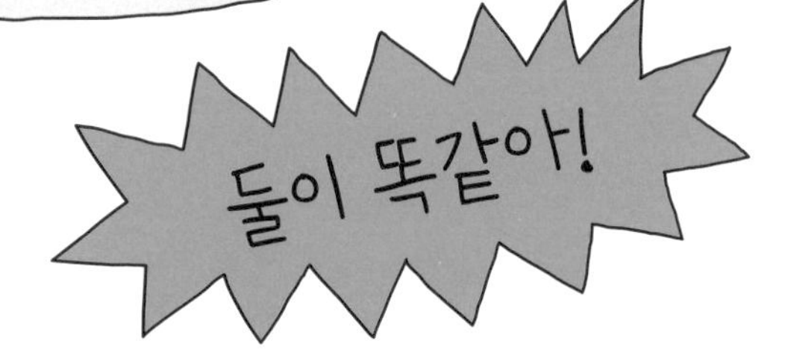

바로 그거야!

수를 몰라도, 하나, 둘, 셋밖에 몰라도 괜찮아.

하나에 하나를 짝지어 주는 방법으로 크기를 비교할 수 있어.

이건 초보 수학자들도 다 아는 상식이야. 그래서 신경도 쓰지 않는 상식이야.

그런데 칸토어는 계속 생각해.

개수가 어마어마하게 많아도, 무한하게 많아도,

이런 방법으로 어느 쪽이 더 많은지 알 수 있다는 거야.

커다란 무도회장에 남자와 여자들이 와글와글 만 명쯤 모여 있다고 해 봐.

여자가 많을까? 남자가 많을까?

만 명을 모두 세어 볼 필요가 없어.

음악을 켜!

사회자가 단상에 올라가 소리치면 돼.

신사 숙녀 여러분,
지금부터 짝을 지어 신나게
춤을 추세요!

모두가 짝을 지어 춤추기 시작해.

어느 쪽이 남는지를 보면 무도회장에 남자가 많은지 여자가 많은지 단박에 알 수 있어.

칸토어는 여기서 멈추지 않고 바로 바로 무한에 대해 이렇게 했다는 거야!

1, 2, 3, 4, 5, 6, 7, 8, 9, 10…… 자연수가 무한하게 많아.

2, 4, 6, 8, 10…… 짝수가 무한하게 많아.

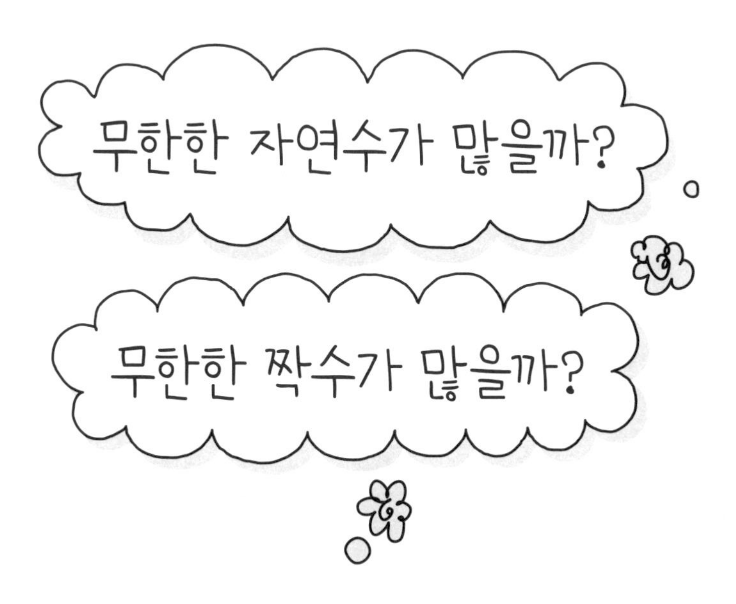

무한 개까지 세어 보지 않고도 알 수 있어.

자연수 하나에 짝수 하나, 자연수 하나에 짝수 하나…….

일대일로 짝을 지으면 돼!

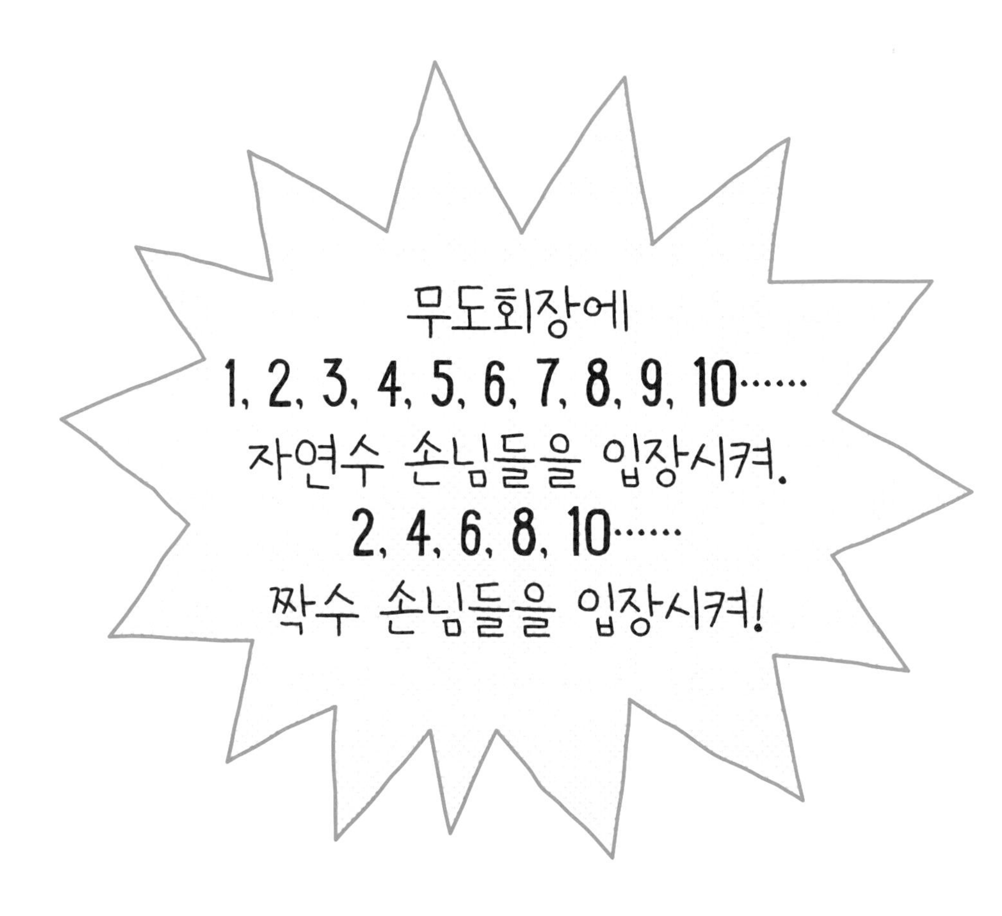
무도회장에
1, 2, 3, 4, 5, 6, 7, 8, 9, 10……
자연수 손님들을 입장시켜.
2, 4, 6, 8, 10……
짝수 손님들을 입장시켜!

1
2
3
4
5
6
7
8
9
10
11
12
13
14
2
4
6
8
10
12
14
16
18
20
22
24
26
28
30

짝을 지어!
자연수 하나에 짝수 하나

1	—	2
2	—	4
3	—	6
4	—	8
5	—	10
6	—	12
7	—	14
8	—	16
9	—	18
10	—	20
11	—	22
12	—	24
13	—	26
14	—	28
15	—	30
⋮		⋮

계속 계속 짝을 지으면 자연수가 남을까, 짝수가 남을까?

자연수도 짝수도 남지 않아.

끝없이 끝없이 짝을 지을 수 있어. 하나에 하나, 하나에 하나!

"정말?"

그렇다니까.

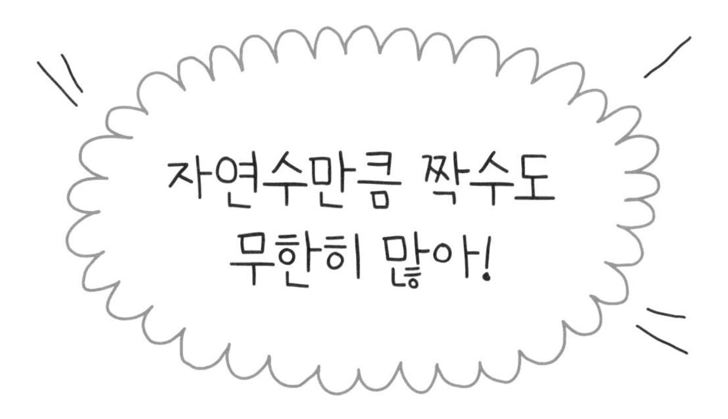

둘이 언제 언제까지나 영원히 영원히 영원히 짝을 지을 수 있어.

자연수가 모자랄 일이 없어.

짝수가 모자랄 일이 없어.

자연수와
짝수의
개수가
똑같아!

아무리 생각해도 이상해.

이상한 결론이야.

만약에 1부터 1억까지의 수 중에서 따진다면 당연히 자연수가 짝수보다 두 배 더 많아.

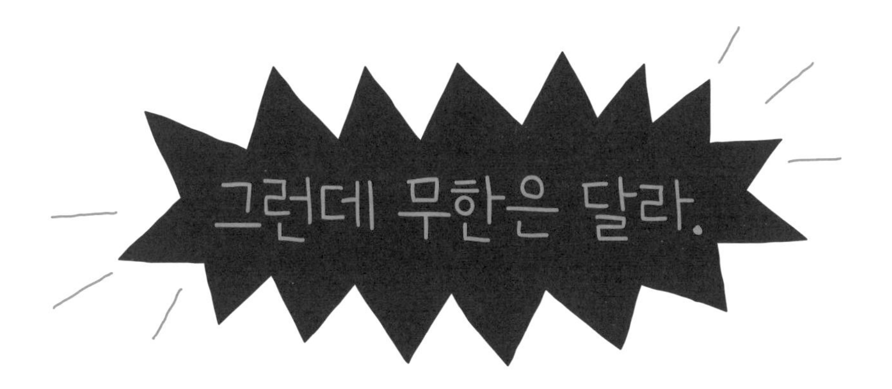

무한한 자연수와 무한한 짝수는 개수가 같아!

우리는 누구도 결코 무한까지 셀 수 없어. 무한에 관한 한 우리는 하나, 둘, 셋밖에 모르는 코이코이족과 하나도 다를 게 없다니까.

하지만 칸토어가 알려 주었어. 무한까지 일일이 세지 않아도 크기를 비교할 수 있어. 짝을 지어 보면 돼.

일대일대응을 해 보면 돼!

어려운 문제로 머리를 쥐어뜯는 수학자들에게는 칸토어의
발견이 코흘리개 아이들이나 하는 것같이 우습고 순진하고
덜떨어진 생각으로 보였어.
하지만 그건 2500년 수학의 역사에서 가장 놀라운
생각이었어. 천재적이고 위대한 생각이었어!

3

자연수가 많을까, 분수가 많을까?

음악이 끝나고 무도회장이 조용해졌어.
짝수 손님이 모두 퇴장해.
하지만 아직도 무도회는 끝나지 않았어.

짜잔!
이번엔 분수 손님이
입장해.

자연수 손님과 분수 손님들이 춤출 차례야.
자연수 손님 하나, 분수 손님 하나 계속 계속 짝을 지어 줄 수 있을까?
"그냥 짝을 지으면 되는 거 아니야?"
"자연수 하나에 분수 하나, 자연수 하나에 분수 하나!"
오오! 놀라운 생각인데?
네가 점점 똑똑해지고 있나 봐.
하지만 이걸 잊으면 안 돼.

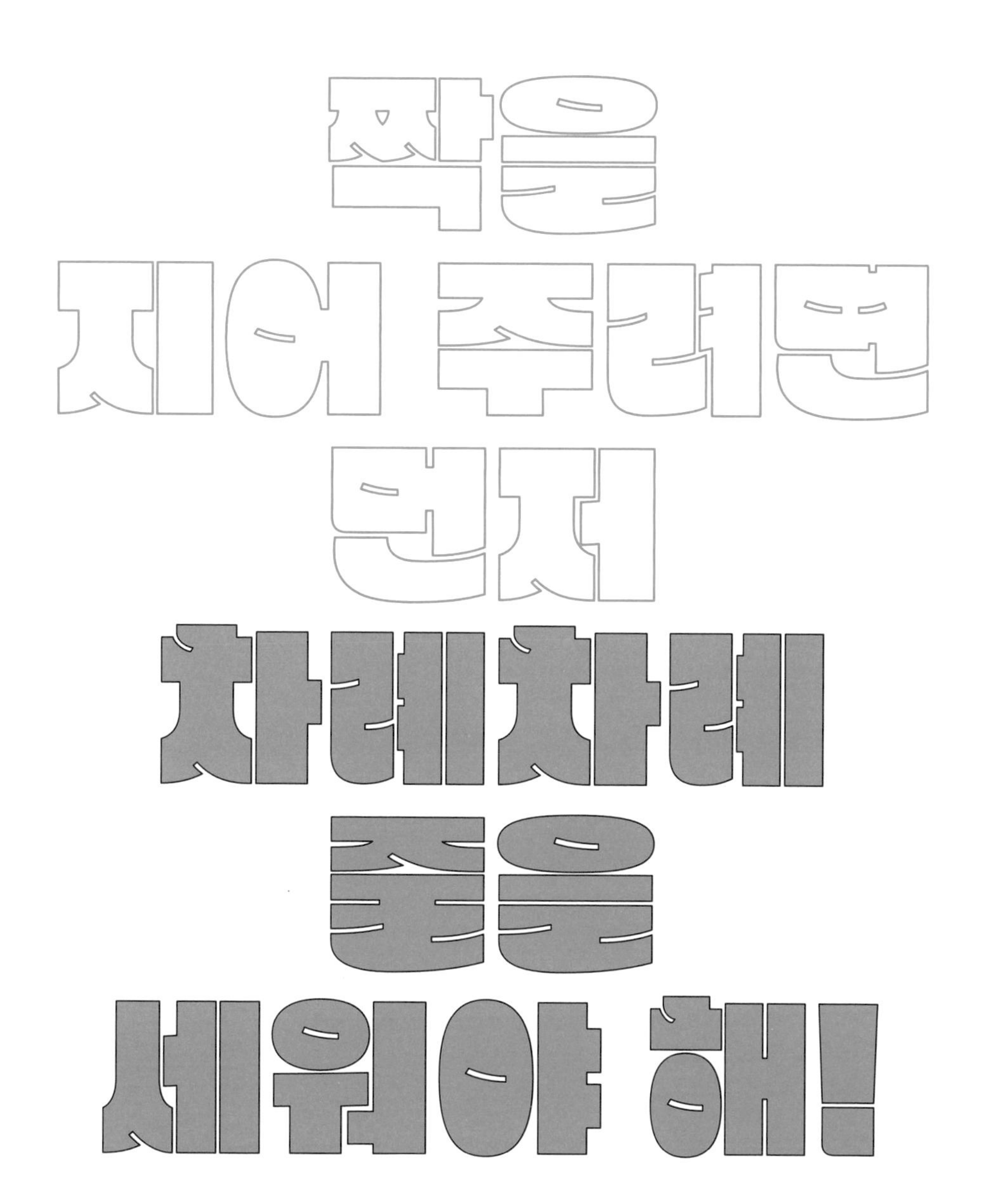
짝을
지어 주려면
먼저
차례차례
줄을
세워야 해!

"왜?"

그래야 하나도 빠짐없이 짝을 지어 줄 수 있으니까.

"그래? 그게 뭐가 어려워."

좋아. 첫 번째 분수를 말해 봐.

자연수 1과 어떤 분수를 짝지어 주면 좋겠어?

"가장 작은 분수부터 차례로 줄 세우는 게 좋겠어."

"$\frac{1}{2}$?"

"$\frac{1}{3}$?"

"아니, 아니. $\frac{1}{5}$인가?"

"앗, $\frac{1}{10}$이 훨씬 더 작은데?"

"헐! 모르겠어!"

당연하지. 분수는 그런 거야. 작은 분수보다 더 작은 분수가 끝없이 많아. 네가 말한 건 겨우 1보다 작은 분수일 뿐이야. 그런데 1과 2 사이에도 분수가 아주 많아. 2와 3 사이에도, 4와 5 사이에도, 5와 6 사이에도…… 끝없이 끝없이 많아. 무슨 수로 이 모든 분수를 차례차례 줄을 세우겠어?

무한하게 사는
무한 괴물이 와도
분수를 빠짐없이
차례차례 줄을 세울
방법이 없어!
그럴 리가!

"못 해?"

못 해.

그런데 할 수 있어!

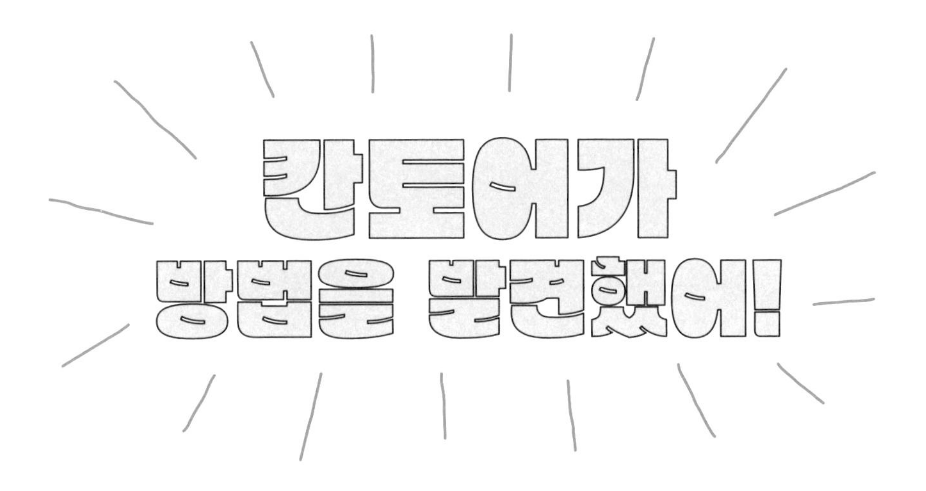

"정말? 어떻게?"

쉬워. 기발한 방법이야!

분수가 분모와 분자로 되어 있다는 건 알고 있겠지?

"나를 뭘로 보고!"

커다란 종이에 가로로 죽죽 1, 2, 3, 4, 5, 6, 7……을 써.

분자가 될 수들이야.

세로로 1, 2, 3, 4, 5, 6, 7……을 써. 분모가 될 수들이야.

이걸로 분수를 만들어.

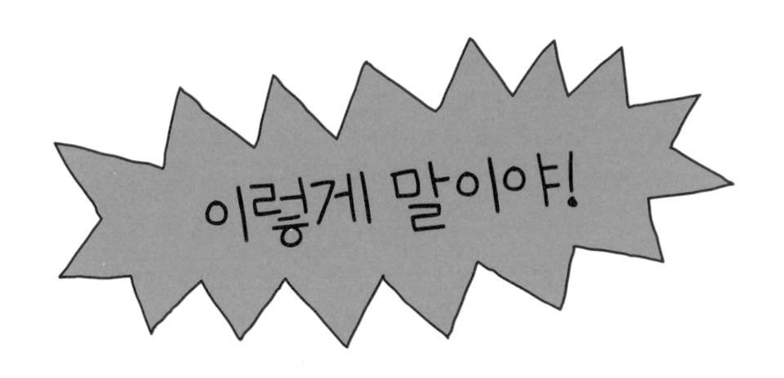

분자 →, 분모 ↓

분모 \ 분자	1	2	3	4	5	6	7	…
1	$\frac{1}{1}$	$\frac{2}{1}$	$\frac{3}{1}$	$\frac{4}{1}$	$\frac{5}{1}$	$\frac{6}{1}$	$\frac{7}{1}$	…
2	$\frac{1}{2}$	$\frac{2}{2}$	$\frac{3}{2}$	$\frac{4}{2}$	$\frac{5}{2}$	$\frac{6}{2}$	$\frac{7}{2}$	…
3	$\frac{1}{3}$	$\frac{2}{3}$	$\frac{3}{3}$	$\frac{4}{3}$	$\frac{5}{3}$	$\frac{6}{3}$	$\frac{7}{3}$	…
4	$\frac{1}{4}$	$\frac{2}{4}$	$\frac{3}{4}$	$\frac{4}{4}$	$\frac{5}{4}$	$\frac{6}{4}$	$\frac{7}{4}$	…
5	$\frac{1}{5}$	$\frac{2}{5}$	$\frac{3}{5}$	$\frac{4}{5}$	$\frac{5}{5}$	$\frac{6}{5}$	$\frac{7}{5}$	…
6	$\frac{1}{6}$	$\frac{2}{6}$	$\frac{3}{6}$	$\frac{4}{6}$	$\frac{5}{6}$	$\frac{6}{6}$	$\frac{7}{6}$	…
7	$\frac{1}{7}$	$\frac{2}{7}$	$\frac{3}{7}$	$\frac{4}{7}$	$\frac{5}{7}$	$\frac{6}{7}$	$\frac{7}{7}$	…
⋮	⋮	⋮	⋮	⋮	⋮	⋮	⋮	

이렇게 하면 세상의 모든 분수를 한 개도 빠짐없이 쓸 수 있어!

"한 개도 빠짐없이?"

그렇다니까. 분수를 아무거나 대 봐.

"$\frac{9}{100}$."

그건 세로로 100칸, 가로로 9인 칸에 있어.

"$\frac{77}{3}$."

그건 세로로 3칸, 가로로 77인 칸에 있을걸.

"그럼 $\frac{1}{100,000,000}$은?"

생각해 봐.

"아하! 세로로 100,000,000, 가로로 1인 칸에?"

그렇다면 $\frac{10,001}{\text{구골}}$은?

"알겠어. 세로로 구골 칸, 가로로 10,001인 칸에 있어."

대박!

잘하는데?

이제 알겠어? 칸토어가 분수를 하나도 빠뜨리지 않고 모두 적는 기막힌 방법을 발견한 걸?

됐어.
이제 분수를 차례차례
줄 세울 수 있어!

분모 \ 분자	1	2	3	4	5	6	7	…
1	$\frac{1}{1}$	$\frac{2}{1}$	$\frac{3}{1}$	$\frac{4}{1}$	$\frac{5}{1}$	$\frac{6}{1}$	$\frac{7}{1}$	…
2	$\frac{1}{2}$	$\frac{2}{2}$	$\frac{3}{2}$	$\frac{4}{2}$	$\frac{5}{2}$	$\frac{6}{2}$	$\frac{7}{2}$	…
3	$\frac{1}{3}$	$\frac{2}{3}$	$\frac{3}{3}$	$\frac{4}{3}$	$\frac{5}{3}$	$\frac{6}{3}$	$\frac{7}{3}$	…
4	$\frac{1}{4}$	$\frac{2}{4}$	$\frac{3}{4}$	$\frac{4}{4}$	$\frac{5}{4}$	$\frac{6}{4}$	$\frac{7}{4}$	…
5	$\frac{1}{5}$	$\frac{2}{5}$	$\frac{3}{5}$	$\frac{4}{5}$	$\frac{5}{5}$	$\frac{6}{5}$	$\frac{7}{5}$	…
6	$\frac{1}{6}$	$\frac{2}{6}$	$\frac{3}{6}$	$\frac{4}{6}$	$\frac{5}{6}$	$\frac{6}{6}$	$\frac{7}{6}$	…
7	$\frac{1}{7}$	$\frac{2}{7}$	$\frac{3}{7}$	$\frac{4}{7}$	$\frac{5}{7}$	$\frac{6}{7}$	$\frac{7}{7}$	…
⋮	⋮	⋮	⋮	⋮	⋮	⋮	⋮	

대각선 방향으로
죽죽 죽죽 꿰면 돼!

칸토어의 표를 따라
무한한 분수 손님들이 차례차례
들어오고 있어.
줄을 서세요.
줄을 서!

음악이 울리고
분수 손님과 자연수 손님이
짝을 지어 춤을 춰.

1 ———— $\frac{1}{1}$

2 ———— $\frac{2}{1}$

3 ———— $\frac{1}{2}$

4 ———— $\frac{1}{3}$

5 ———— $\frac{2}{2}$

6 ———— $\frac{3}{1}$

7 ———— $\frac{4}{1}$

⋮ ⋮

분수 손님은 하나도 남지 않고,
자연수 손님도 하나도 남지 않아.

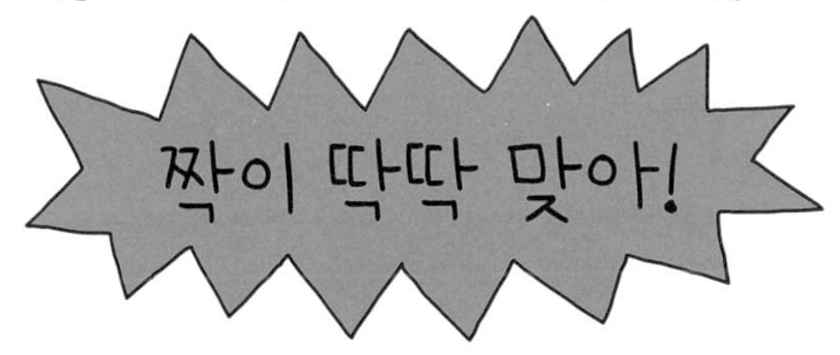

무한한 자연수와 무한한 분수의 개수가 같아!

칸토어가 어린아이도 알 수 있는 놀라운 방법으로 증명해 보였어.

이번에는 수학자들도 깜짝 놀랐어.

4
무한보다 더 커다란 무한

"무한보다 더 커다란 무한이 있다고?"

"그게 무슨 말이야?"

그러게 말이야.

이 말을 처음 들었을 때 수학자들이 얼마나 놀랐겠어?

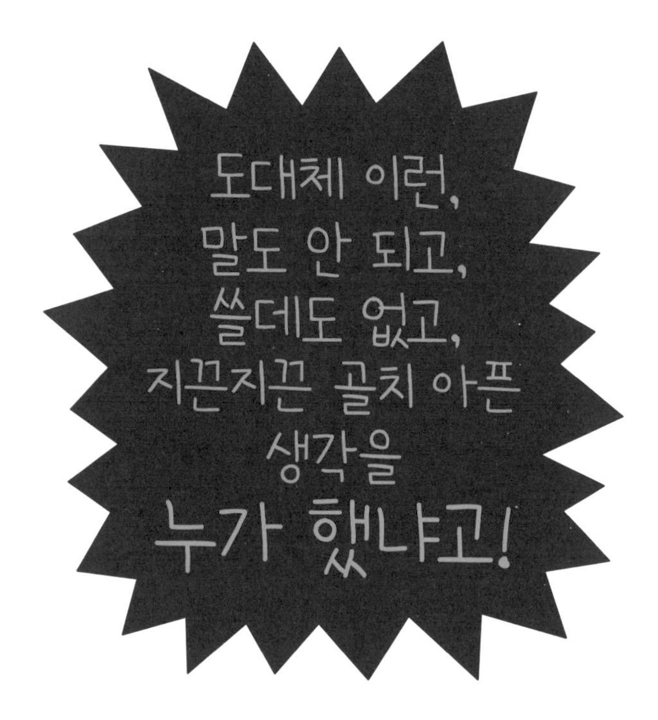

바로 바로 칸토어지, 누구겠어?

무한이 끝이 없는 건데, 더 커다란 무한이라니!

수학의 역사에서 어떤 괴짜 수학자도 이렇게 괴상한 생각은 한 적이 없어.

무한보다 더 커다란 무한이 도대체 무슨 뜻일까?

더 커다란 무한이란 더 빽빽한 무한이라는 뜻이야!

"더 빽빽한 무한? 그건 또 무슨 말이야?"

눈을 감고……

무한하게 커다란 모기장을 상상해 봐.

"푸하하! 웬 모기장?"

수가 모기장이라고
상상하면 쉬워.

수로 이루어진 모기장을 상상해.

자연수와 짝수와 분수는 그냥 보통으로 촘촘한 무한 모기장이야.

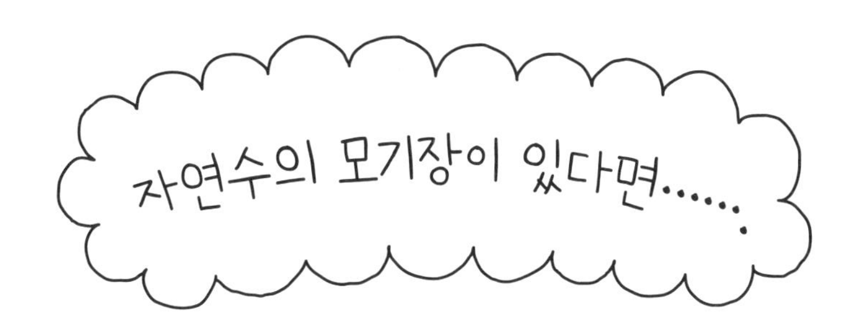
자연수의 모기장이 있다면……

그런데 칸토어가 그것보다 훨씬 훨씬 더 촘촘하고 빽빽하게 무한한 모기장을 발견했다는 거야.

"모기장을?"

아니, 수를!

자연수와 짝수와 분수보다 훨씬 훨씬…… 훨씬 더 빽빽하게 무한한 수들이 있다는 거야.

예를 들면 이런 수야.

2.1379174358107897358107341415 92…….

"이게 뭐야?"

수야! 소수점 뒤에 수가 무작위로 끝없이 이어지는 수야.

수직선에 이런 수가 무진장 무진장 무진장 많아!

옛날 옛날에는 이런 수가 있는지 몰랐어. 무언가를 세고, 재고, 사고팔 때 쓸모가 없잖아? 이런 수는 일상생활에서 쓸 일이 없어!

사과 5.72546897653429……개 주세요!
뭐라고요?

학원 숙제 안 해?
지금부터 1.5673908765……시간 뒤에 시작할 거예요.

제 발은 235.2467398056……밀리미터예요. 딱 맞는 신발이 있을까요?
뭐라는 거야!

"푸하하."

"그런 수가 어딨어!"

있어!

옛날에 피타고라스의 제자가 처음으로 발견했어.

직각삼각형의 한 변에 그런 수가 있었어.

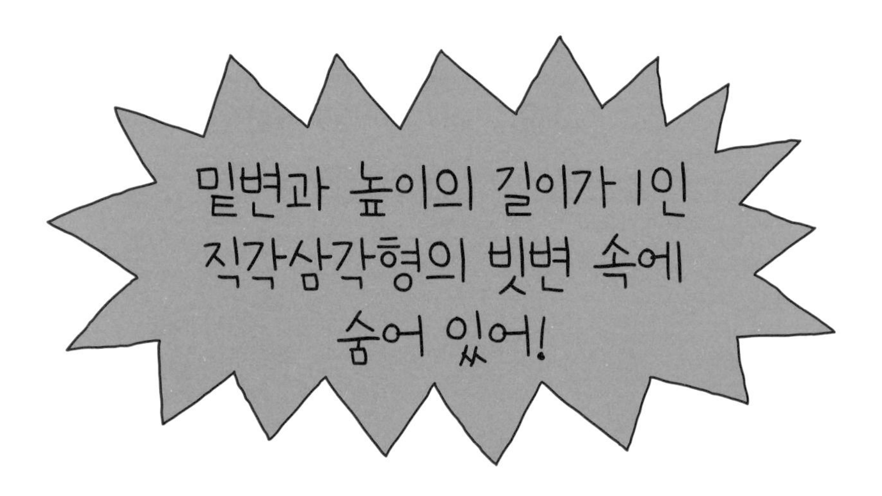

이 삼각형의 빗변의 길이를 계산했는데 1.41421356237……

소수점 뒤에 숫자가 끝없이 이어져.

피타고라스의 제자는 이 수를 두 번 곱하면 2가 되어야

한다는 걸 알고 있었어. 그런데 아무리 계산해도 소수점 뒤에

수가 계속 계속 이어져서 정확히 얼마인지 알 수가 없는

거야.

1.41421356237309504 8......
1
1
계속 계속
끝없이 계산할 수
있다니까!
왜?

1.41421356237…… 끝없이 이어지는 수를 어떻게 공책에 쓰겠어? 할 수 없이 수학자들이 줄여서 $\sqrt{2}$ 라 쓰기로 했어. 읽을 때는 루트2야. 이렇게 소수점 뒤에 수가 반복되지 않고 끝없이 이어지는 수를 '무리수'라고 불러.

알고 보니 수직선 위에 무리수들이 무한히 많이 있었어.

자연수와 자연수 사이에, 분수와 분수 사이에!

수직선 위에 자연수가 무한히 많아. 분수도 무한히 많아.

자연수와 짝수, 분수는 무리수에 비하면 너무 듬성듬성해.

무한한 자연수와 무한한 분수를 합쳐도 무리수에 비하면 태평양 바다의 물 한 방울도 안 될걸.

너도 얼마든지 무리수를 찾아낼 수 있어.

소수점 뒤에 아무 수나 불러.
멈추지 않고 계속 계속 부르면
그게 바로 무리수야.
2.8765145185
0096129160231
4721104524l
32140257823
너무 쉬운걸.

그렇다면, 자연수 하나에 무리수 하나, 자연수 하나에 무리수 하나…… 끝없이 끝없이 짝지을 수 있을까?

칸토어가 증명했어.

자연수와 무리수는 하나에 하나씩 짝을 지을 수 없어.

무리수가 끝도 없이 많이 남아!

칸토어가 어떻게 증명했는지 궁금해?

네가 커서 수학과에 가면 배울 수 있어. 너무 기발해서 깜짝 놀랄걸.

미술학과
경영학과
법학과
수학과가
어디에 있지?
신입생
물리학과
입학을 축하합니다!

무리수는 자연수보다 분수보다 훨씬 훨씬 더 많아.

더 빽빽한 무한이야. 더 커다란 무한이야!

믿을 수 없어.

무한도 무한히 큰데, 무한보다 더 커다란 무한이 있다니!

5
무한의 탑

혹시 머리가
지끈거려?
아니!

그렇다면 다행이야.

지금 너는 엄청나게 기뻐해야 하거든.

“왜?”

너는 겨우 초등학생이지만
위대한 천재 수학자의
어마어마한 생각을 차근차근
따라가고 있는 중이라고.

“내가?”

그렇다니까!

기대해. 더 더 기이한 이야기가 기다리고 있어.

칸토어는 거대한 무한의 세계를 끈질기게 생각하고

생각하고 생각하다가 마침내 놀라운 발견에 이르렀어.

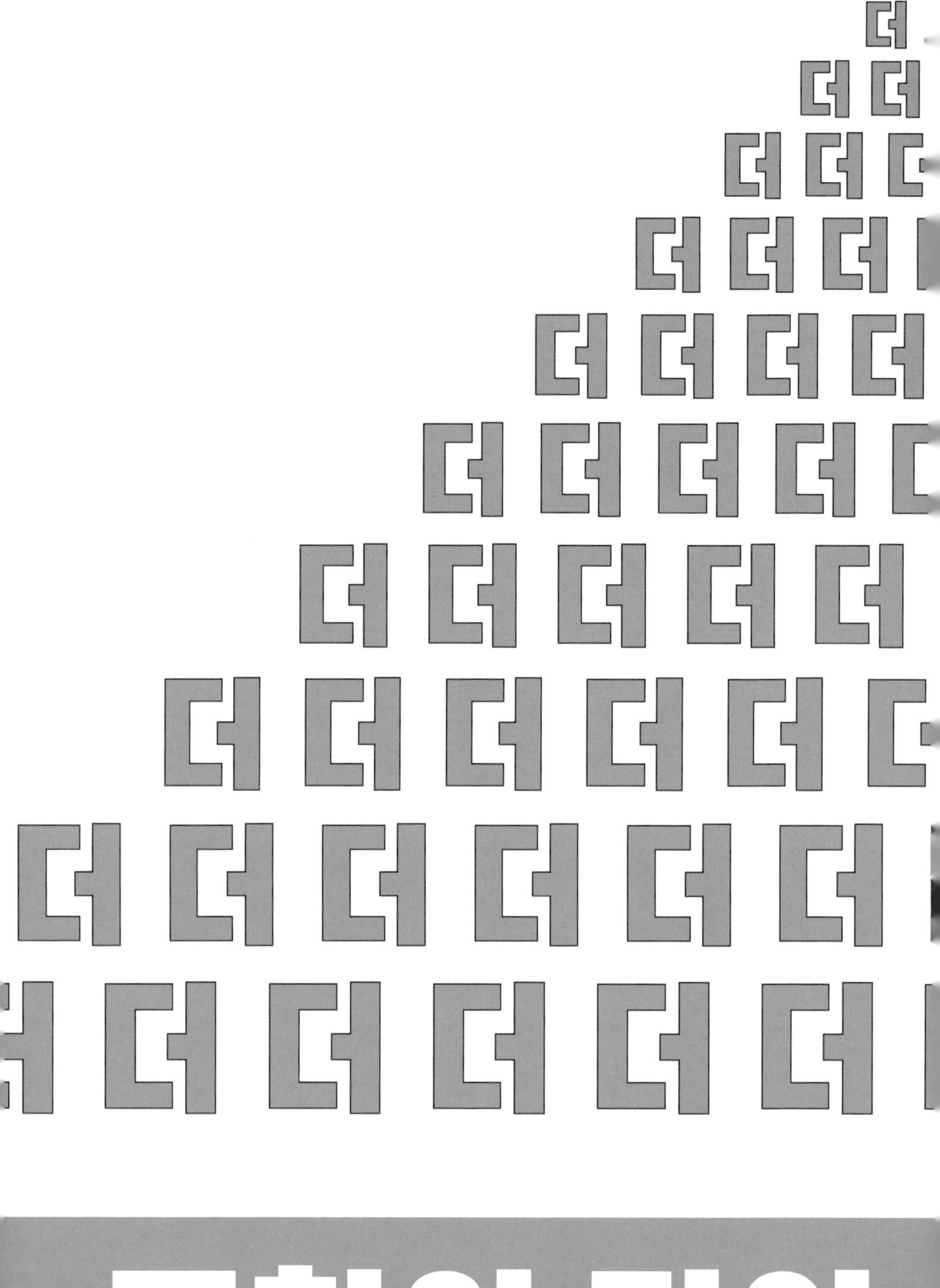

무한의 탑이

한

무한

란 무한

다란 무한

다란 무한

커다란 무한

더 커다란 무한

더 커다란 무한

더 더 커다란 무한

더 더 커다란 무한

영원히 이어져.

으악!
머리가 지끈거려!
괜찮아.
일시적인 현상이야.

지금부터 네가 한 번도 상상해 보지 못한 무한의 무한의 무한의 무한의…… 무한까지 가는 길이 펼쳐질 거야.

칸토어는 그 길을 가기 위해 수학의 역사에서 처음으로 '집합과 원소'라는 개념을 발명했어. 고등학교에 가면 배우게 될 내용이야.

잘 봐.

상자에 알사탕이 2개 있어.

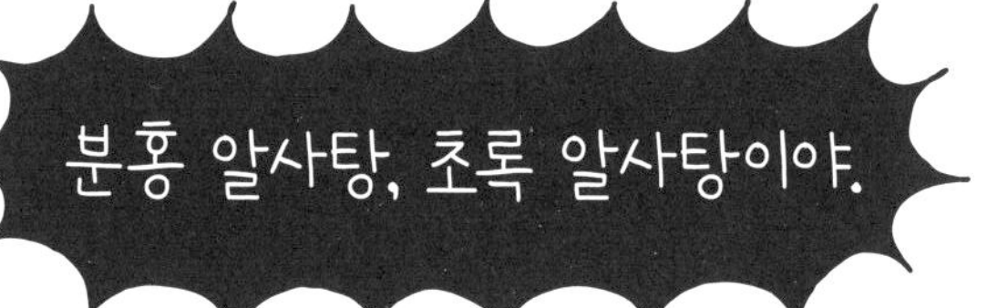

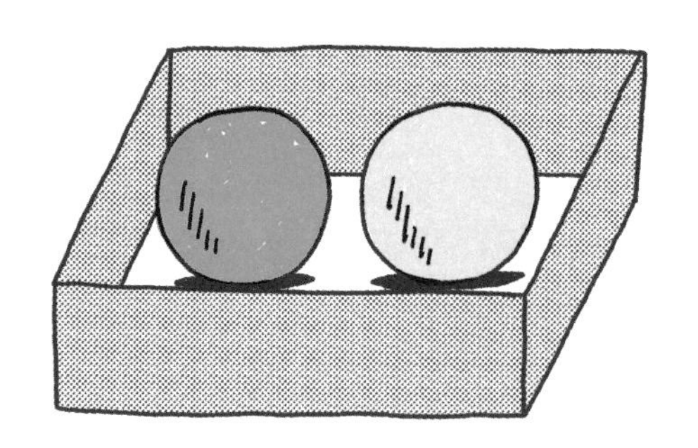

칸토어는
상자를 '집합'이라 부르고
상자 속에 들어 있는 무언가를
'원소'라 불렀어.

상자에 알사탕이 2개 있다면,
집합에 원소가 2개
있다는 말이야.

알겠어?

"쉬운데?"

좋아!

칸토어가 이제 새로운 집합을 만들려고 해. 알사탕 2개로 또 사탕을 만들어. 이렇게 말이야.

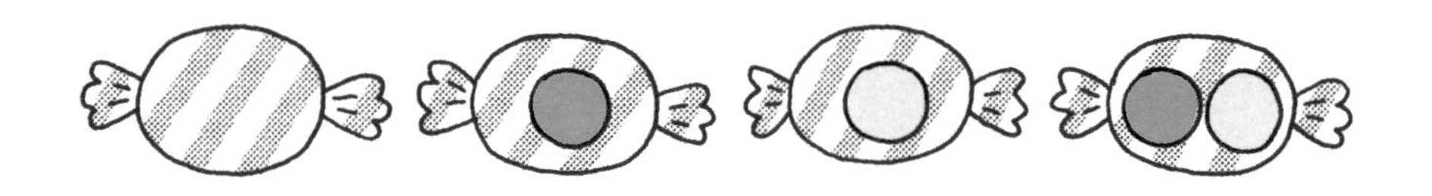

까 보면 아무것도 없는 사탕, 초록 알사탕이 들어 있는 사탕, 분홍 알사탕이 들어 있는 사탕, 초록과 분홍 알사탕이 함께 들어 있는 사탕!

맨 처음 알사탕 2개를 이렇게 저렇게 조합해 새로운 사탕을 만들었어.

그걸 몽땅 새로운 상자에 담아!

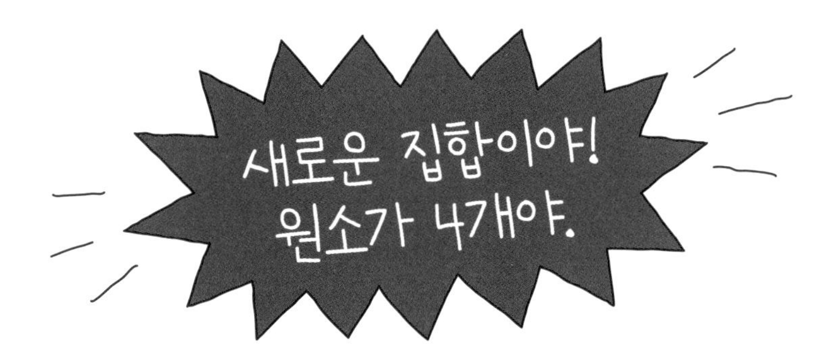
새로운 집합이야!
원소가 4개야.

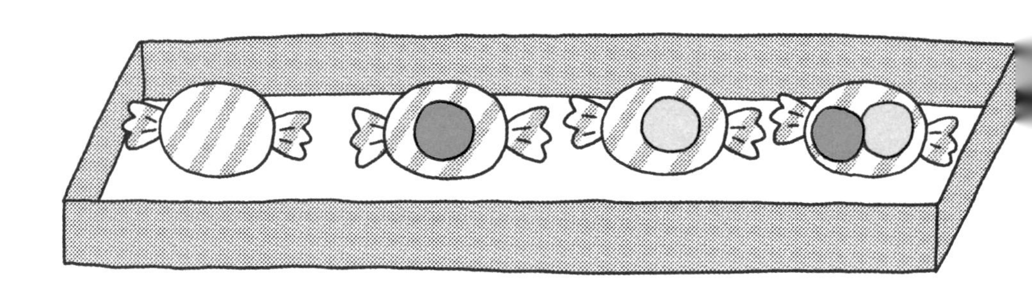

맨 처음에 원소가
2개인 집합이었는데,
원소가 4개인 더 큰 집합이
생겼다는 말씀!

여기서 멈출 필요가 없어.
원소 4개로 더 더 큰 집합을 만들 수 있어. 그러면 원소가 16개인 집합이 생겨! 그걸로 또 커다란 집합을 만들면 이번에는 원소가 65,536개인 집합이 생겨.
"으——악!"
푸하하, 걱정 마. 여기서 그걸 하진 않을 거야. 그러면 정말로 네 머리가 터질지 모르거든. 너는 집합으로 더 더 큰 집합을 얼마든지 만들 수 있다는 것만 알면 돼!

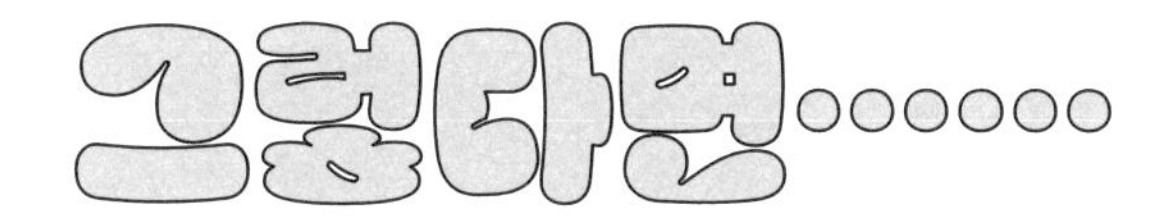

똑같은 원리로, 사탕과 상자 대신 무한한 원소가 들어 있는 무한 집합을 가지고도 이런 놀이를 할 수 있지 않을까?
칸토어는 계속 상상해.
무한 집합으로 더 큰 무한 집합을 만들 수 있어.
더 큰 무한 집합으로 더 더 큰 무한 집합을 만들고, 더 더 큰 무한 집합으로 더 더 더 큰 무한 집합을 만들 수 있어.
칸토어는 기뻐서 소리쳤어.

계속 계속
더 커다란
무한을 만들 수
있어요!

칸토어는 점점 커지는 무한에
히브리어 알파벳의 첫글자 ℵ로
이름을 붙여 주었어. 알레프!

칸토어는 이제 무한 계단의 끝을 상상해.

"무한의 끝?"

칸토어는 아무도 상상할 수 없는 무한의 끝에 '절대 무한'이 있다고 믿었어. 그리고 절대 무한을 신이라고 생각했어.

칸토어는 기뻐서 소리쳤어.

'나는 무한을 보았어요!'

수학자들의 비난이 쏟아졌어.

'미친 소리!'

유명하고 저명한 수학자들이 칸토어를 손가락질했어.

'그런 건 수학이 아니라고!'

'무한을 가지고 이러쿵저러쿵하는 건 사기야!'

'칸토어의 무한은 젊은 수학자들을 타락시키고 말 거야.'

칸토어의 스승, 크로네커와 푸앵카레 같은 당대의 위대한 수학자들조차 칸토어와 칸토어의 무한 이론을 비난하고 맹렬하게 비판했어.

베를린 대학교 교수 임용 채용 공고

수학자들은 칸토어와 칸토어의 연구를 쓰레기통에 처박고 싶어 했어. 공신력 있는 학회지들은 칸토어의 논문을 실어 주지 않으려 늑장을 부리고, 독일의 유명 대학교에서는 칸토어를 교수 임용 채용 심사에서 번번이 탈락시켰어. 칸토어는 시골의 조그만 대학에서 외롭게 무한을 가르쳤어. 수학자들의 끝없는 비방에 시달리며 칸토어는 신경 쇠약에 걸렸어. 마지막에 칸토어는 음악가가 아니라 수학자가 된 것을 후회하며 정신 병원에서 쓸쓸하게 눈을 감아.

6
힐베르트의
괴상한
호텔

칸토어가 절망하여 수학을 포기했을 무렵, 위대한 독일의 수학자 다비드 힐베르트가 칸토어와 칸토어의 무한 이론을 세상에 알리기로 해!
힐베르트는 칸토어가 발견한 무한의 세계가 얼마나 경이로운지 들려주려고 상상 속에서 호텔을 하나 지었어.

무한 호텔은 무한히 무한히 기다란 복도가 있고 무한히 무한히 많은 객실이 있는 놀라운 곳이야.
힐베르트는 무한 호텔의 지배인이야.

묘한
호텔
어서 오세요!

힐베르트 지배인은 쉴 틈이 없어. 무한 호텔은 여행객들에게 인기가 너무 많아. 장사가 너무 잘 돼.
오늘도 손님이 끝도 없이 밀려들었어. ……100호실, 1,000호실…… 100만 호실, 100만 1호실…… 1억 1호실…… 100억 호실…… 1경 호실, 1경 1호실……. 마침내 무한 호텔은 무한 손님으로 가득 찼고, 남은 객실이 하나도 없어!

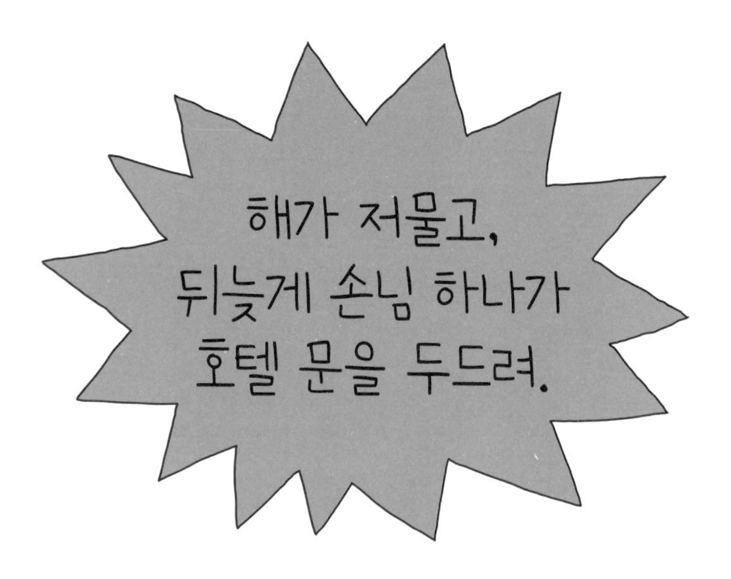

'죄송하지만 객실이 모두 찼습니다.'
힐베르트 지배인이 말해.
그런데 난처하게도 손님이 고집을 부려. 꼭 무한 호텔에 투숙해야 한다면서 말이야.

만실
무한 호텔에
묵으려고 저금통을
몽땅 털었다고요!

‘사정이 그렇다면야…….’

친절하게도 힐베르트 지배인이 손님을 받아.

“객실이 1개도 없는데?”

그러게 말이야. 힐베르트 지배인은 잠시 생각하더니, 놀라운 방법으로 뚝딱 빈 객실을 만들어.

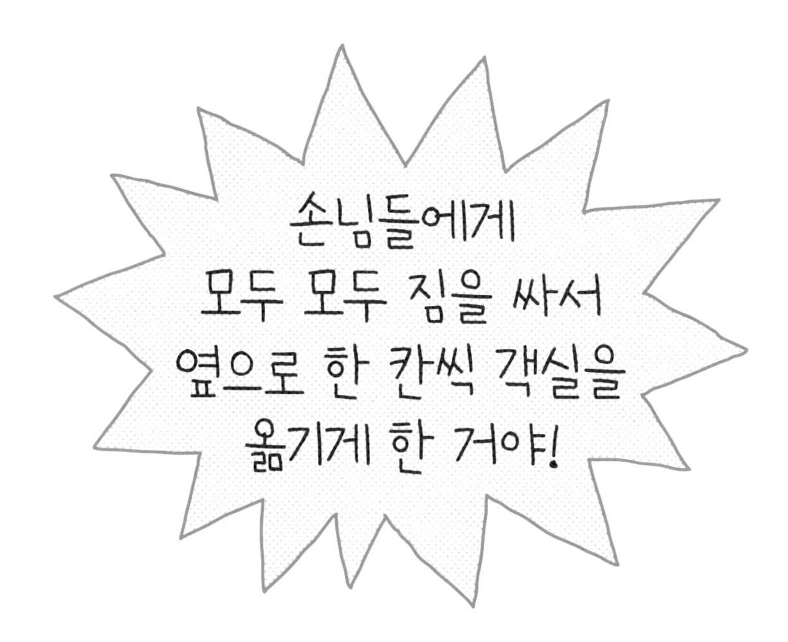

손님들이 투덜투덜 짐을 싸. 1호실 손님은 2호실로, 2호실 손님은 3호실로, 4호실 손님은 5호실로, 5호실 손님은 6호실로…… 100호실 손님은 101호실로…… 1억 호실 손님은 1억 1호실로…… 계속 계속.

짜잔! 그렇게 해서 1호실이 비었어!

1
들어가세요.

힐베르트 지배인은 뿌듯한 마음으로 나비넥타이를 매만지고 다시 일을 시작해.

그런데 또 손님이 와. 이번에는 손님이 10명이야.

객실이 10개 더 필요한데 가능할까?

가능해!

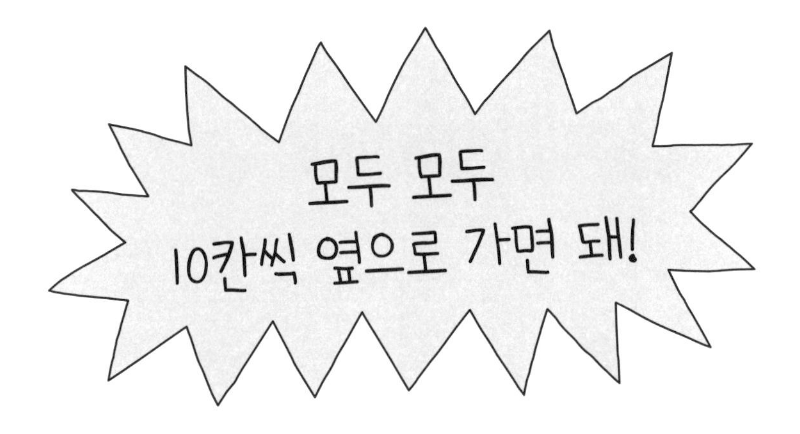

1호실 손님은 11호실로, 2호실 손님은 12호실로, 3호실 손님은 13호실로, 4호실 손님은 14호실로…… 100호실 손님은 110호실로…… 계속 계속!

빈 객실이 10개 생겨!

새로 온 손님들이 1호실부터 10호실에 묵으면 돼!

1
2
3
4
5
6
7
8
9
10
들어가세요!

큰일이야!

이번에는 단체 손님이 몰려와.

도대체 어디서 나타난 거야? 무려 무려 10,000명이나 돼.

빈 객실이 10,000개 더 필요해!

"헐! 너무 많아."

그런데 더 큰일은 힐베르트 지배인이 퇴근을 해 버렸다는 거야. 손님들이 복도에 드러눕고 난리가 났어.

어떻게 하지?

네가 도와줘야 해!

"내가? 왜?"

무한 호텔 이야기를 들어 버렸잖아.

객실이 새로 생기는 비밀을 눈치채지 못한 건 아니겠지?

어서 마이크를 잡고 안내 방송을 해!

음음, 아아,
무한 호텔 투숙객
여러분!

했어?

"했어!"

빙고!

벌써 힐베르트의 수제자가 되었는걸.

7
무한 손님이 몰려와!

웅성웅성! 쿵쿵!

땅이 울리는 것 같은데, 무슨 소리야?

이번에는 진짜 큰일이야. 무한 호텔에 손님이 끝없이 끝없이 끝없이…… 오고 있어. 100만 명도 아니고 1억 명도 아니고, 무한 손님이 몰려와!

모두 왜 무한 호텔로만 몰려오는 거야?

그래도 다행이야. 힐베르트 지배인이 출근을 했거든.

하지만 이번에는 똑똑한 힐베르트 지배인도 방법이 없을지 몰라. 무한히 무한히 많은 무한 손님에게 객실을 내줘야 해!

"음……."

객실이 1개 필요할 땐 손님들이 1칸 옆으로 갔어.

"10개 필요할 때 10칸 옆으로 갔고."

10,000개 필요할 땐 10,000칸 옆으로 갔지.

"그렇다면 혹시?"

"무한 칸 옆으로 가면 되지 않아?"

안 돼!
그럼 손님들은 무한히
무한히 가야 해.
일 년, 이 년, 삼 년, 백 년,
천 년, 억 년, 조 년……
이렇게 지나도 복도를
걸어가고 있을걸.

객실에 절대 못 들어가!

‘하하! 걱정 마세요!’

힐베르트 지배인이 무한 손님에게 객실을 내어 주겠다고 큰소리쳐.

여기가 어디야? 이상하고 기이하고 엄청난 무한 호텔 아니겠어?

무한 호텔에 무슨 일이 벌어지는지 기대해!

힐베르트 지배인이 안내 방송을 해.

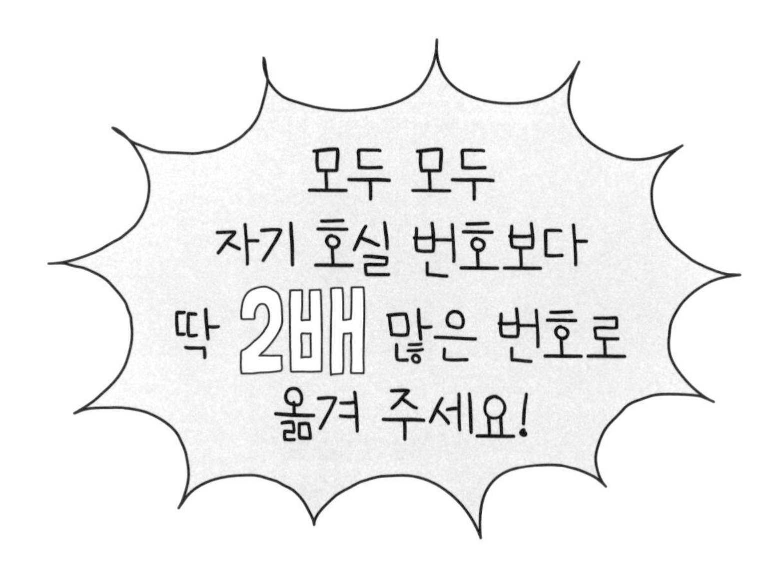

1호실 손님은 2호실로,

2호실 손님은 4호실로,

3호실 손님은 6호실로,

4호실 손님은 8호실로!

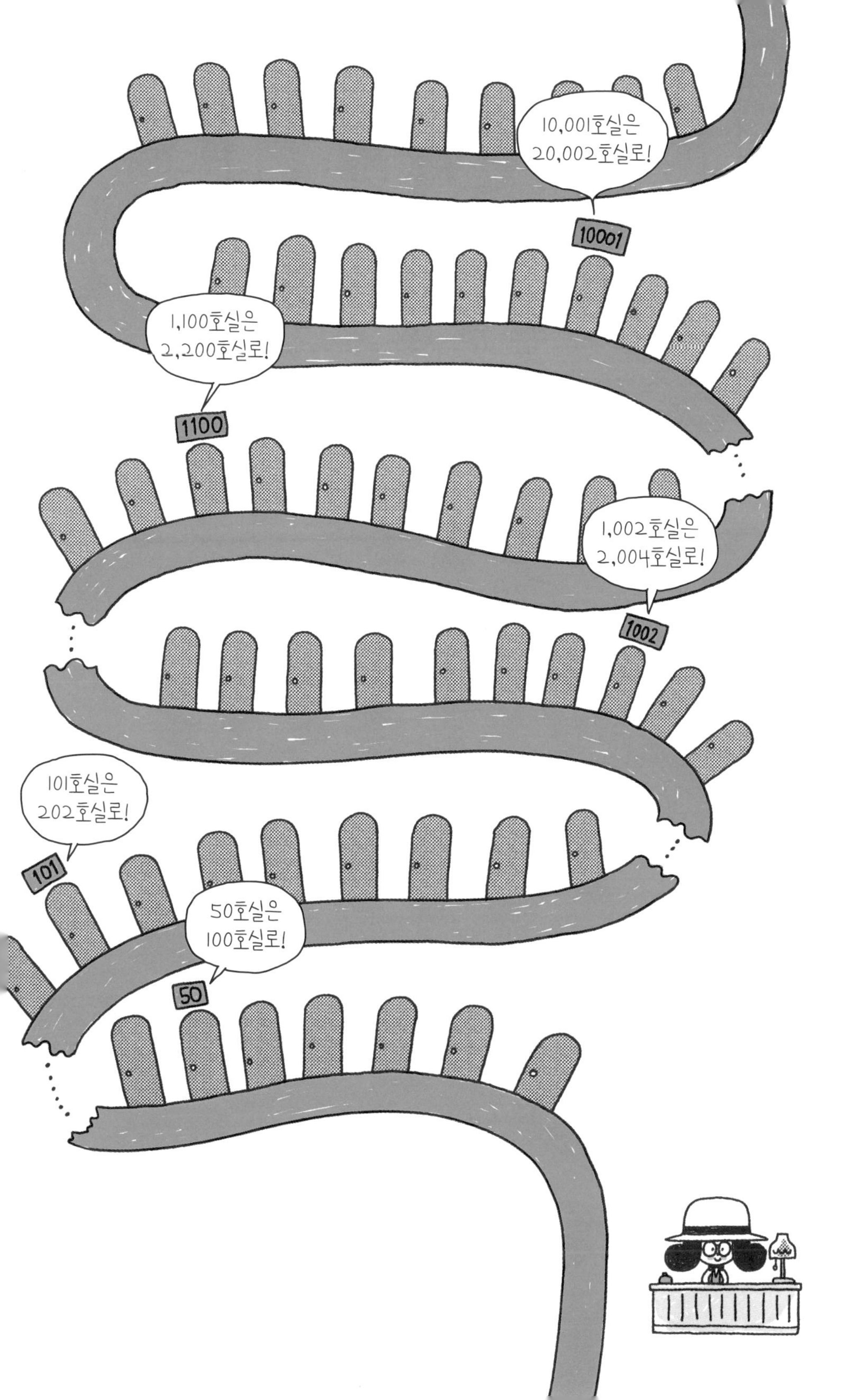

10,001호실은 20,002호실로!
10001
1,100호실은 2,200호실로!
1100
1,002호실은 2,004호실로!
1002
101호실은 202호실로!
101
50호실은 100호실로!
50

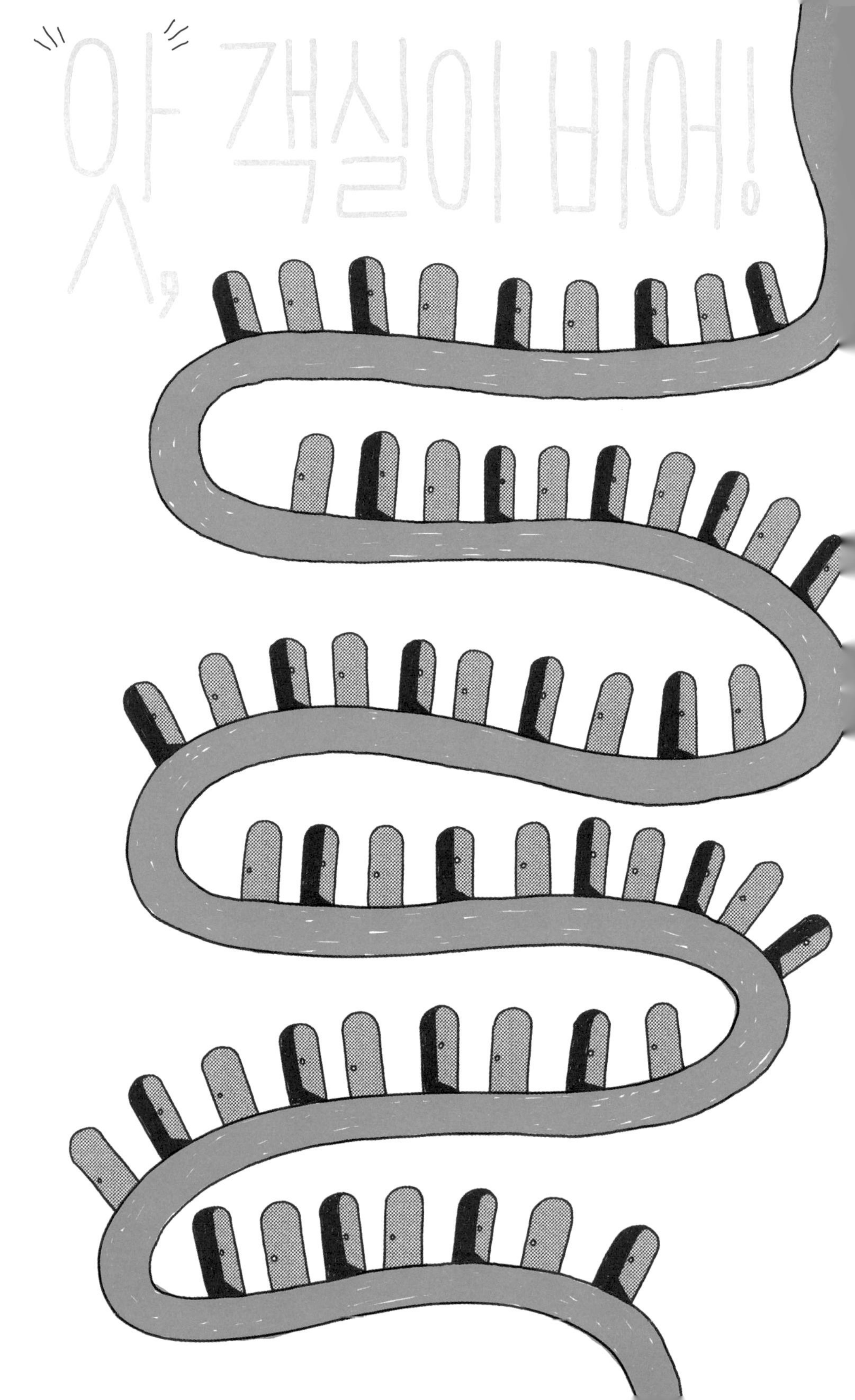
앗, 객실이 비어!

눈치챘어?

"어떻게 된 거야?"

손님들이 모두 자기 방 번호보다 딱 2배 많은 번호로

옮겼더니, 거기는 모두 짝수 호실이야.

2, 4, 6, 8, 10…… 100…… 1,000…… 10,000……

짝수는 절대 모자라지 않아. 끝이 없어.

빙고! 그렇게 된 거야.

1호실, 3호실, 5호실, 7호실, 9호실…… 101호실……

1,001호실…… 1억 1호실…… 1억 9,999호실…… 홀수 방이

끝없이 생겨!

무한 손님이 와도 걱정 없어.

무한한 홀수 호실에 묵으면 돼!

그런데 다음날, 호텔에 큰일이 생겼어.
짝수 번호 객실에 묵었던 손님들이 모두 호텔을 떠나 버렸어.
자꾸 옮기란다고 기분이 매우 나쁘다면서 말이야.

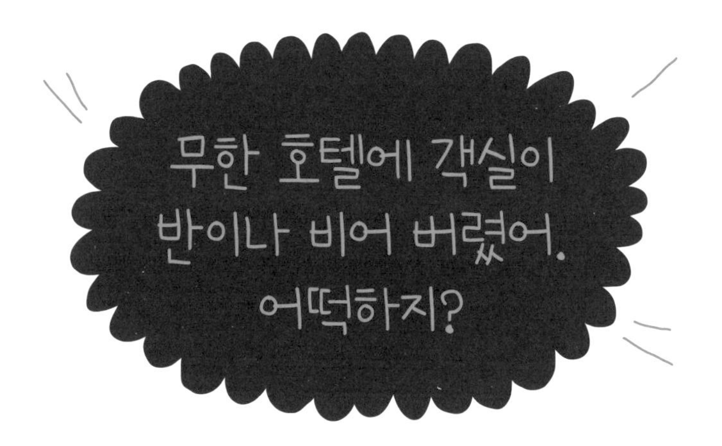

힐베르트 지배인은 난처해졌어. 무한 호텔 사장님에게
야단을 맞을지 몰라. 손님이 없어서 호텔이 적자가 나면
큰일이야.
힐베르트 지배인이 머리를 쥐어뜯으며 생각을 해.
'짝수 호실은 텅 비었고 홀수 호실에만 손님이 있으니…….'
아하! 1호실 손님만 그대로 두고…….
홀수 호실 손님을 차례차례 빈 방으로 옮겨!

3호실 손님을 2호실로 옮겨.

5호실 손님을 3호실로,

7호실 손님을 4호실로,

9호실 손님을 5호실로,

11호실 손님을 6호실로,

13호실 손님을 7호실로…….

계속 계속 옮겨.

새로 손님이 오지 않아도 비어 있는 객실이 다시 가득 차!

크하하하하~.

힐베르트 지배인이 입이 귀밑까지 찢어지며 크게 웃는데 요란한 소리가 들려.

부웅 부웅 부웅 부웅 부웅──.

끼──익 끼─────────익.

끼────────────────────익!

힐베르트 지배인이 까무라치게 놀라 뒤로 자빠졌어.

호텔 앞에 무한 손님을 태운 무한 버스가 1대, 2대, 3대…… 무한하게 오고 있지 뭐야!

8
무한 호텔에
무한 버스가
도착해!

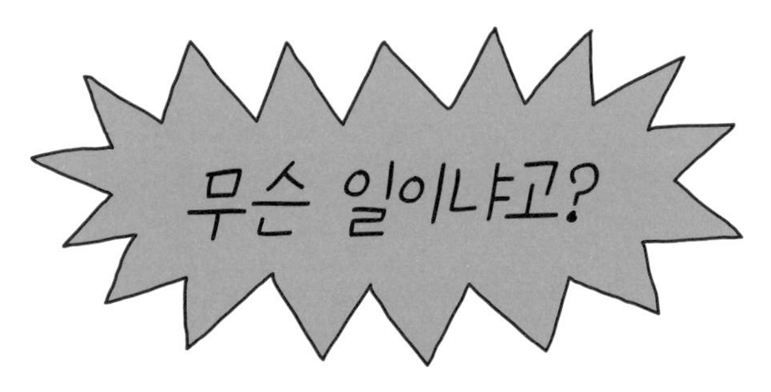

무한 은하 제국에
제1회 우주 회의가 소집되었어.
무한히 많은 무한 외계 행성마다
무한 버스를 대절해
무한 손님을 태우고
무한 호텔에 몰려와!

끼익!
쌀라쌀라 행성에서 온 무한 버스 1호
끼익!
쿵따쿵따 행성에서 온 무한 버스 2호
끼익!
초코초코 행성에서 온 무한 버스 3호
끼익!
삐까삐까 행성에서 온 무한 버스 4호
끼익!
몰랑몰랑 행성에서 온 무한 버스 5호

무한 버스 100호…… 무한 버스 1,000호…… 무한 버스 100만 호…… 무한 버스 1억 호…… 무한 버스 1경 호…… 무한 버스 1극 호…… 무한 버스 불가사의 호…… 무한 버스 구골 호…… 헉헉!
무한 손님을 무한하게 태운 무한 버스가 끝없이 끝없이 끝없이 몰려와.

어떡하지?

무한 호텔에 객실은 벌써 가득 차 있어.
빈 객실이 하나도 없다고!
아무리 힐베르트 지배인이라도 이번엔 방법이 없을걸.
그럴 리가!
힐베르트 지배인이 서재로 달려가.

소수가 있잖아!
축 완간!!
거대 소수로
암호를 만들어

‘으하하하하하하하.’

‘소수를 이용하면 돼!’

“소수?”

《미래가 온다, 거대 소수로 암호를 만들어!》에 나오잖아.

2, 3, 5, 7, 11, 13, 17, 19, 23, 29, 31…… 101, 103……. 소수는 무한해. 끝이 없어.

힐베르트 지배인이 이번에도 방법을 찾아 자신만만하게 소리쳐.

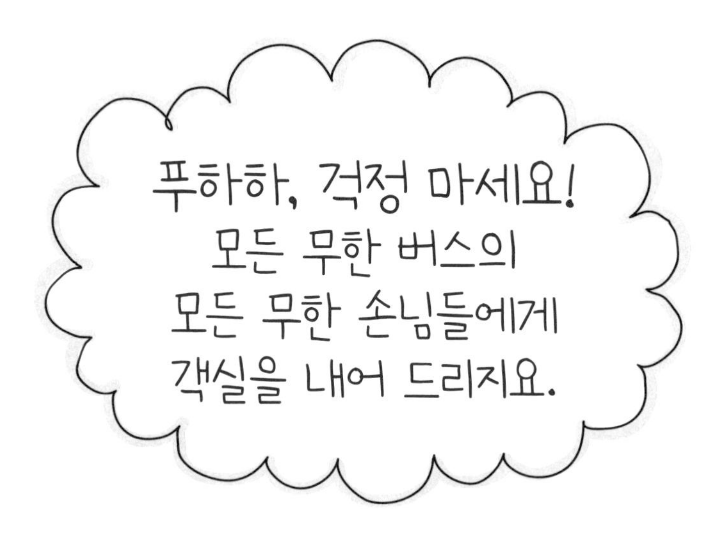

힐베르트 지배인이 의기양양하게 안내 방송을 시작해.

‘아아…….’

무한 호텔 투숙객 여러분,
차례대로 2^1호실, 2^2호실,
2^3호실, 2^4호실……로
옮겨 주세요.

아아!
새로 오신 무한 버스 손님들에게
방을 배정해드리겠습니다.

1호 차 손님은 3^1호실, 3^2호실, 3^3호실, 3^4호실……로,

2호 차 손님은 5^1호실, 5^2호실, 5^3호실, 5^4호실……로,

3호 차 손님은 7^1호실, 7^2호실, 7^3호실, 7^4호실……로,

⋮

10호 차 손님은 31^1호실, 31^2호실, 31^3호실, 31^4호실……로,

들어가 주세요.
계속 계속…….
아시겠죠?

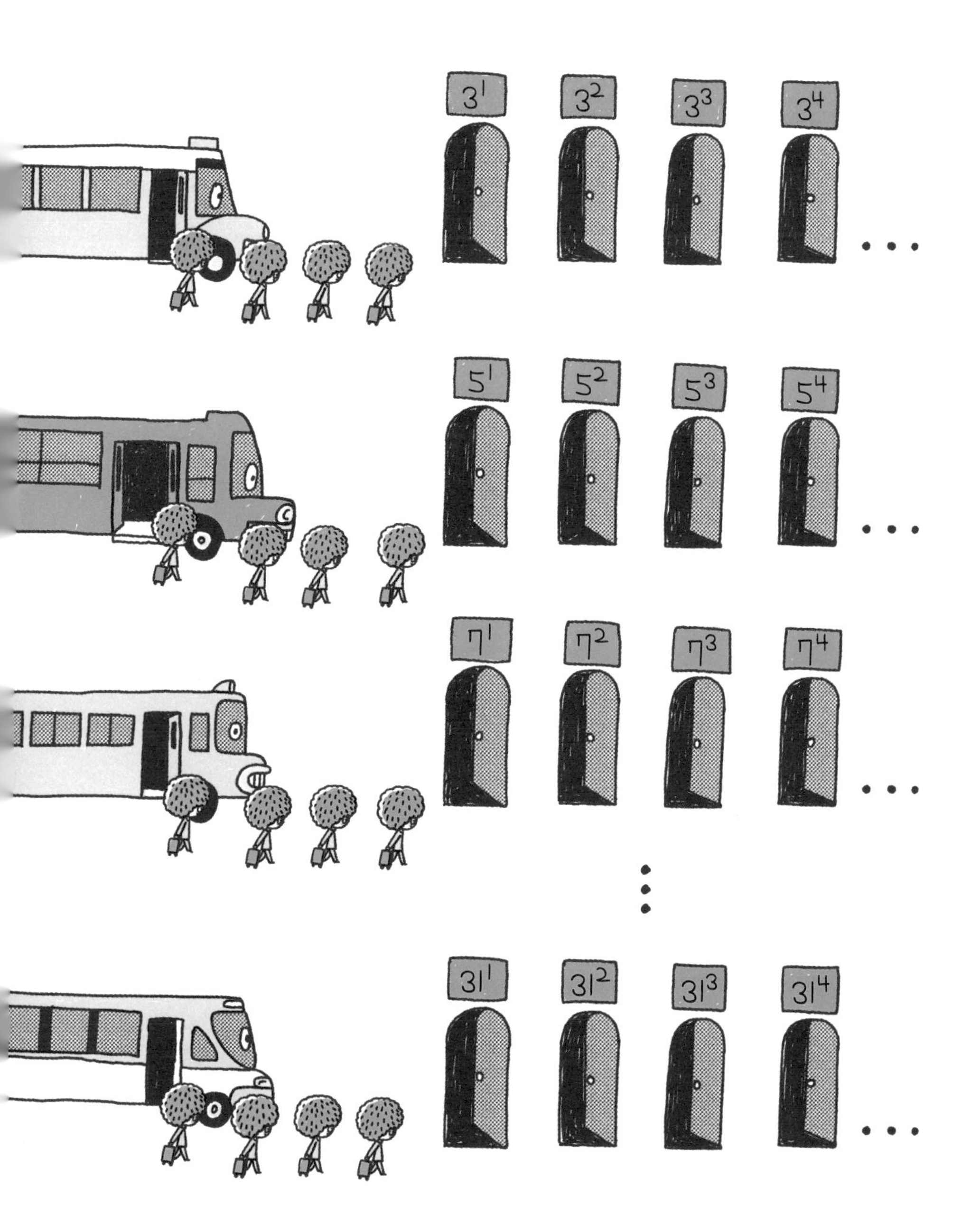

3^1
3^2
3^3
3^4
5^1
5^2
5^3
5^4
7^1
7^2
7^3
7^4
31^1
31^2
31^3
31^4

그렇게 힐베르트 지배인은 2, 3, 5, 7, 11, 13, 17, 19, 23, 29, 31…… 10,007, 10,009…… 10,037, 10,039…… 99,991…… 끝없이 이어지는 소수를 이용해, 무한 은하 제국의 무한히 많은 외계 행성들에서 무한 버스를 타고 온 무한 손님들에게 무한하게 객실을 배정해 주었다는 이야기야!

9

무한은 괴물이야!

이제 알겠어?

무한의 세계에 얼마나 기이한 일들이 일어나는지!

무한의 세계에서는 덧셈 법칙도 깨어져. 하나, 둘, 셋밖에 모르는 아프리카 원주민도 알고, 최고의 수학자도 믿고 있는 영원한 수학의 덧셈 법칙은 이거야.

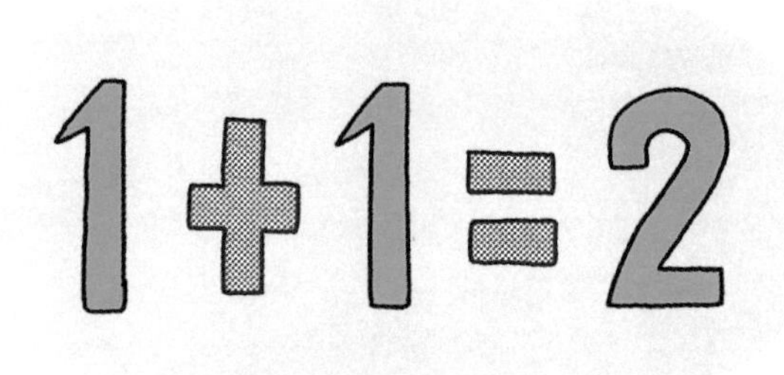

그런데 무한의 세계에서는 1+1=2가 아니야!

무한에 무언가를 더해도 더 커지지 않아.

무언가를 빼도 더 작아지지 않아.

무한에 무한을 더해도 무한이야!

무한 호텔에 바로 그런 일이 일어난 거야.

무한 손님에 무한 손님을 더해도 무한 손님일 뿐이라는 말씀.

$$\infty - 1 = \infty$$

$$\infty + \infty = \infty$$

아무리 들어도 무한에 관한 이야기는 기이하기 짝이 없어.
무한을 알려고 하면 지금까지의 생각과 지식과 상식을
버려야 해.
그래서 수학자들이 오랫동안 그렇게 무한을 싫어한 거야.
하지만 무한이 없으면 수학의 탑이 와르르 무너져.
하나, 둘, 셋…… 수를 끝없이 셀 때 무한이 거기에 들어
있어. 네가 수직선을 처음 배운 날 공책 위에 직선을 찍—
그을 때도!

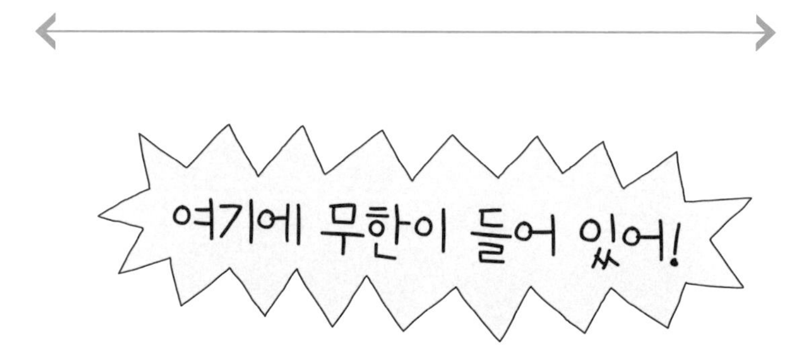

무한히 기다란 직선을, 하는 수 없이 조그만 공책 위에
줄이고 줄이고 줄이고 줄여서 그려.
확률에도 무한이 숨어 있어.

동전을 던져서
앞면이 나올 확률과
뒷면이 나올 확률이 같다고
말할 때도 수학자는
무한을 상상하는 거야.
정말?

그렇다니까!
앞면과 뒷면이 나올 확률이 똑같이 반반이라고 말할 때
동전을 무한 번 던진다는 상상이 숨어 있는 거야.
직각삼각형의 빗변에도 끝없이 끝없이 길어서 영원히
끝나지 않는 수가 숨어 있어. 무한이 숨어 있어.
"알아. 루트2잖아!"
대단한데?
그러니까 수학자들은 오랫동안 무한을 두려워하면서도
사실은 무한을 너무나 애용하고 있었던 거야. 무한이라는
말을 쓰지 않으려고 안간힘을 쓰면서 말이야.
하지만 칸토어 덕분에 이제 수학자들은 얼굴을 붉히지 않고
두려워하지 않고 무한을 쓸 수 있게 되었어. 수학의 세계에
무한이 들어온 걸 두 팔 벌려 환영하며 힐베르트가
수학자들에게 당당히 말했어.

칸토어가 우리를 위해
건설해 준 낙원에서
아무도 우리를 내쫓을 수
없습니다!

무한은 수학자와 과학자의 상상력을 무한하게 키워 줘.
무한한 시간, 무한한 우주 속에서는 너무나 이상하고
괴상하고 기이하고 신비롭고 놀라운 일들이 얼마든지
일어날 수 있다는 거야.
수학자들의 '무한 원숭이 정리'를 들어 볼래?

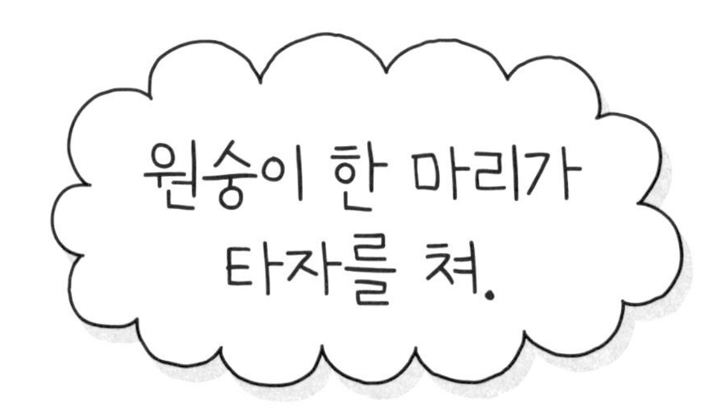

원숭이가 자판을 아무거나 눌러. 무한한 시간 동안 아무 거나
누르면 언젠가는 원숭이도《백설 공주와 일곱 난쟁이》와
똑같은 이야기를 쓸 수 있다는 거야.
"말도 안 돼!"
원숭이가 타자기를 '무한히' 누른다고 했잖아! 수많은 철자
조합 중에 원숭이가 우연히 ㅇㅔㅅㄴㅏㄹㅇㅔㅅㄴㅏㄹㅇㅔ를
차례대로 치지 못하리라는 법이 없지 않겠어? 무작위로
무한히 타자기를 누르는 원숭이는 언젠가 백설 공주
이야기를 모두 쓰게 될 수도 있어!

틱틱틱!
탁탁탁!

"푸하하!"

아니, 웃을 일이 아니야. 무한 타자기를 누르는 무한 시간 속의 원숭이는 지금까지 지구에 존재한 모든 책을 쓸 수 있어. 모든 도서관의 모든 책을!

《일리아스》, 《오디세이》, 《성경》, 《셰익스피어 전집》, 《돈키호테》, 《아라비안나이트》, 《이솝 우화》, 《유클리드의 기하학 원론》, 《해저 2만 리》, 《홍길동전》, 《왕자와 거지》, 《셜록 홈스》, 《이상한 나라의 앨리스》, 《샬롯의 거미줄》, 《해리 포터와 불의 잔》…… 수학 교과서와 세상 모든 아이들의 일기까지도!

"헉!"

원숭이가 무한한 시간 동안 무한히 무한히 무한히 무한히 누르기 때문이야!

진짜 무한은 그런 거라고!

과학자들도 무한한 우주를 생각하면 깜짝 놀라지 않을 수 없어. 우주가 무한하고 무한하다면 우주 어딘가에 너의 복제품이 무한히 많이 있을지 몰라. 너와 똑같이 생기고 똑같은 성격을 가진 너와 똑같은 아이가 말이야.

"헐!"

"그게 가능해?"

가능해. 우주가 무한히 무한하다면 말이야.

무한한 우주 어딘가 무한한 행성 중에 지구와 똑같은 행성이 생겨나고, 그 행성에 우연히 지구의 생명체와 똑같은 생명체가 생겨나고, 인간이 생겨나고…… 너의 할머니와 할아버지가 태어나고, 엄마와 아빠가 태어나고, 게임을 좋아하는 네가 태어나 《무한은 괴물이야!》를 읽고 있어!

무한한 우주 어딘가 무한한 행성 중에 그런 네가 또 또 또 또 또 있을지 몰라. 무한히 무한히 무한히 무한히 무한히 무한히 무한한 우주라니까!

무한히 큰 우주에서는
일어날 확률이
0이 아닌 모든 일은

얼마든지
일어날 수 있어.

심지어
자주
일어나!

무한을 이야기할 때는 항상 기억해야 해.
무한은 단지 어마어마하게 많다는 뜻이 아니야.
무지무지 커다랗다는 뜻이 아니야.
무한은 우리가 상상할 수 있는 그 무엇과도 다른 생각이야.
그야말로 완전한 무한이라고!
하지만 그런 우주는 말도 안 돼. 도무지 말도 안 되고
어처구니없는 일이 얼마든지 가능한 그런 우주라면 심각한
문제가 아닐 수 없어.
그래서 어떤 과학자들은 우주가 유한하다고 아니, 유한해야
한다고 주장해.
또 다른 과학자들은 우주가 정말로 무한하다고 해도
복제품을 만나려면 최첨단 망원경으로 관측할 수 있는
거리보다 훨씬 더 멀리 가야만 할 거라며 안심시켜. 그만큼
가려면 너는 벌써 오래 전에 죽었고 우주도 너무 늙어서
태양도 지구도 별들도 사라진 뒤일 거라는 말씀. 그러니 너의
복제가 우주 어딘가에 살고 있다고 해도 서로 만날 일은
없을 거라는 거야.
"헐!"

무한에 관한 마지막 이야기로 무한을 사랑한 작가
보르헤스의 짧은 이야기를 들려줄게.
어떤 남자가 기이하고 놀라운 책을 샀어. 그건 무한한
페이지가 있는 책인데, 놀랍게도 첫 페이지도 없고 마지막
페이지도 없어. 페이지와 페이지 사이에 무한한 페이지가
솟아나. 그래서 한 페이지를 넘기면 다시는 그 페이지를 찾을
수 없어.
남자는 세상에 둘도 없는 보물이라 생각하며 비싼 돈을 주고
그 책을 사.
하지만 남자는 시간이 지날수록 무한한 책의 무한함이
무시무시하게 느껴져 책을 태워 버리기로 해. 그러다가 깜짝
놀라. 무한한 책을 태우려면 무한한 시간이 걸릴 텐데……
무한한 연기가 나와 세상을 질식시킬 거야…….
남자는 책을 꼭꼭 숨기기로 해. 한때 자기가 일했던 국립
도서관의 지하 서고의 곰팡내 나는 책들 사이 어딘가에 꼭꼭
묻어 버리고, 어디에 두었는지조차 잊어버리려 애를 쓴다는
이야기야.

이상한 이야기야.

다행히도 지금 네가 읽고 있는 책은 무한에 관한 책이지만
무한한 책은 아니야.
시작도 있고, 끝도 있어.
1시간 만에 다 읽을 수 있다니까!
뭐? 벌써 다 읽었다고?

참고 문헌

토비아스 단치히 지음, 심재관 옮김, 《과학의 언어, 수》, 지식의숲, 2007

존 D. 배로 지음, 전대호 옮김, 《무한으로 가는 안내서》, 해나무, 2011

조지 가모프 지음, 김혜원 옮김, 《1, 2, 3 그리고 무한》, 김영사, 2012

매트 파커 지음, 허성심 옮김, 《차원이 다른 수학》, 프리렉, 2017

유지니아 쳉 지음, 김성훈 옮김, 《무한을 넘어서》, 열린책들, 2018

아다치 노리오 지음, 이인호 옮김, 《무한의 끝에 무엇이 있을까?》, 프리렉, 2018

릴리언 R. 리버 지음, 김소정 옮김, 《길 위의 수학자를 위한 무한 이야기》, 궁리, 2020

존 D. 배로 지음, 김희봉 옮김, 《1 더하기 1은 2인가》, 김영사, 2022